essentials

Essentials liefern aktuelles Wissen in konzentrierter Form. Die Essenz dessen, worauf es als „State-of-the-Art" in der gegenwärtigen Fachdiskussion oder in der Praxis ankommt. Essentials informieren schnell, unkompliziert und verständlich

- als Einführung in ein aktuelles Thema aus Ihrem Fachgebiet
- als Einstieg in ein für Sie noch unbekanntes Themenfeld
- als Einblick, um zum Thema mitreden zu können

Die Bücher in elektronischer und gedruckter Form bringen das Expertenwissen von Springer-Fachautoren kompakt zur Darstellung. Sie sind besonders für die Nutzung als eBook auf Tablet-PCs, eBook-Readern und Smartphones geeignet.

Essentials: Wissensbausteine aus den Wirtschafts, Sozial- und Geisteswissenschaften, aus Technik und Naturwissenschaften sowie aus Medizin, Psychologie und Gesundheitsberufen. Von renommierten Autoren aller Springer-Verlagsmarken.

Jürgen Beetz

Kosmologie für Höhlenmenschen und andere Anfänger

Das Universum von außen: Trabanten, Planeten, Sterne, Galaxien

Jürgen Beetz
Berlin
Deutschland

ISSN 2197-6708   ISSN 2197-6716 (electronic)
essentials
ISBN 978-3-658-11122-9   ISBN 978-3-658-11123-6 (eBook)
DOI 10.1007/978-3-658-11123-6

Die Deutsche Nationalbibliothek verzeichnet diese Publikation in der Deutschen Nationalbibliografie; detaillierte bibliografische Daten sind im Internet über http://dnb.d-nb.de abrufbar.

Springer Spektrum

Gedruckt auf säurefreiem und chlorfrei gebleichtem Papier

Springer Fachmedien Wiesbaden ist Teil der Fachverlagsgruppe Springer Science+Business Media
(www.springer.com)

Was Sie in diesem Essential finden können

- Den Aufbau und die Struktur des Weltalls
- Die Entstehung des Universums und seine Geschichte seit dem „Urknall"
- Die Entstehung von Materie bei Sternexplosionen und damit von unseren eigenen „Bestandteilen"
- Speziell die Bedeutung des Mondes für unsere Erde

Vorwort

Dies ist eine kurze und notwendigerweise unvollständige Einführung in die Kosmologie aus Sicht der Steinzeitmenschen. Inhalt dieses „essentials" ist das (sehr stark gekürzte) zehnte der insgesamt 11 Kapitel meines Physikbuches „$E = mc^2$. Physik für Höhlenmenschen" (Beetz 2015, S. 165–206).[1] Leider musste ich aus Platzgründen auch auf die Kap. 10.4 „Der Kosmos besteht aus Teilen, die aus Teilen bestehen" und 10.5 „Die wohl berühmteste Formel der Welt" verzichten. Ich habe sie aber in mein Blog gestellt, damit sie Interessierte nachlesen können. Weitere Kapitel des Buches beschäftigen sich mit Kräften und Massen, Wärme und Akustik, Elektrizität und Magnetismus, Optik und Atomphysik, Relativitätstheorie (das Kap. 10.5) und schließlich mit der Philosophie der Physik und der Metaphysik – mehr oder weniger Abitursstoff und zusammen „das, was man über Physik wissen sollte" (zuzüglich vieler amüsanter Geschichten und sogar eines Ausblicks aus der Steinzeit in die moderne Welt der Technik, ohne die vieles in der Physik ja nicht denkbar wäre). An der einen oder anderen Stelle werde ich auf Kapitel daraus hinweisen.

Dies ist ein weiteres „Höhlenmenschen"-Buch – sozusagen bereits Teil einer kleinen Serie. Zweck einer Buchreihe ist ja auch ein Wiedererkennungswert und eine gewisse Ähnlichkeit untereinander. Deswegen sind auch Wiederholungen nicht nur zulässig, sondern z. T. auch wünschenswert oder notwendig. Daher steht auch in diesem Vorwort manches, was die Leser anderer Bücher der Serie bereits kennen. Sollten Ihnen also Eddi, Rudi, Siggi und natürlich und vor allem Willa bereits vertraut sein, dann lesen Sie über ihre Vorstellung einfach hinweg.

Einige haben das Buch „$1 + 1 = 10$ – Mathematik für Höhlenmenschen" vielleicht *nicht* gelesen (ein schweres Versäumnis, das sich jetzt bitter rächt). Dort

---

[1] Hierbei wurden die Unterkapitel des Originals zu Kapiteln hier und die Zwischenüberschriften zu Unterkapiteln.

sind die mathematischen Grundkenntnisse beschrieben, die man für die Physik braucht. Denn Mathematik ist die notwendige Voraussetzung für Physik. Brüche zum Beispiel sollten Ihnen nicht unbekannt sein, auch nicht deren Zähler und Nenner. Wenn letzterer gegen null tendiert, sollten bei Ihnen die Warnlampen angehen. Und ähnliches Grundwissen … Denn das ist die schlechte Nachricht: Das Werkzeug der Physiker ist die Mathematik – wie die Rohrzange für den Installateur. Sie sollten damit umzugehen wissen.

Die gute Nachricht ist: Physik versteht man auch, wenn man mal eine Zeile nicht nachrechnen kann. Sie beschreibt die reale Welt, die uns umgibt, und fasst sie in Gesetze – daher ist sie auch unserer Umgangssprache zugänglich. Für Profis ist Mathematik die „Sprache der Physik": Manipulation von Formeln und Gleichungen, Koordinatensysteme und Funktionen, Sinus und Kosinus, Differenzial- und Integralrechnung, … – und ein paar Dinge mehr, aber insgesamt überhaupt nichts Beängstigendes. Niemand verlangt Höhenflüge von Ihnen – ein paar mathematische Grundlagen reichen aus. Und das auch nur, wenn Sie jede Einzelheit nachvollziehen wollen. Physikalische Zusammenhänge erschließen sich auch dem gesunden Menschenverstand und einer rein sprachlichen Beschreibung. Also lehnen Sie sich zurück und genießen Sie einfach spannende Entdeckungsgeschichten!

Die Kunst, Physik zu erklären, ohne den Leser und die Leserin zu erschrecken, muss etwas Wichtiges berücksichtigen: Unser Gehirn in seiner heutigen Form ist etwa 40.000 Jahre alt und hat sich seitdem biologisch nicht wesentlich verändert. Wir werden von Trieben und Begierden gesteuert. Erfreulicherweise gehören „Neu*gier*" und „Wissens*durst*" auch zu diesen Grundantrieben – so hat sich das spielerische, nur zum Teil an den Problemen und Erfordernissen des Alltags orientierte Denken entfaltet.

Deswegen kann ich bei dem Versuch, Physik „begreiflich" zu machen, in die Steinzeit zurückgehen – genauer gesagt: etwa in die Jungsteinzeit, zufällig 7985 v. Chr., also vor genau 10.000 Jahren. Ackerbau und Viehzucht hatten schon begonnen. Dorfgemeinschaften, Rundhäuser und eine arbeitsteilige Gesellschaft existierten bereits. Dort treffen Sie Rudi Radlos, den Physiker (die paradoxe Bedeutung dieses Namens wurde im ersten Buch erklärt) und seinen Freund Eddi Einstein, den Denker (wie konnte ein Topmathematiker in der Jung*stein*zeit auch anders heißen!?). Ein *dritter* Geselle gehörte zu der Truppe: Siggi Spökenkieker, der Druide und Seher.[2] Er konnte in die Zukunft blicken. So können wir Rudi und Eddi mit Erkenntnissen ausstatten, die erst Jahrtausende später von bedeutenden Philosophen, Mathematikern und Physikern erlangt worden waren.

---

[2] Als Spökenkieker werden Menschen mit „zweitem Gesicht" bezeichnet. Quelle: http://de.wikipedia.org/wiki/Spökenkieker.

Die wahre Meisterin der Wissenschaft ist jedoch Wilhelmine Wicca, meist „Willa" genannt. Wie man weiß, benutzt eine Frau nicht nur eine, sondern *beide* Gehirnhälften. Und daher ist es nicht verwunderlich, dass Willa so klug war wie die drei Kerle *zusammen*. Deshalb galt sie auch als Hexe[3] – was damals ein Ehrentitel war – und als weise Frau.

Physik ist eine exakte Wissenschaft – mit kleinen „Löchern", die wir noch thematisieren werden. Sie zeichnet sich auch durch eine präzise Schreibweise aus und verschiedene typographische Regeln, die beachtet werden sollten. Aber an diesem Konjunktiv merken Sie schon: *so* ernst wollen wir das hier nicht nehmen. So werden hier manchmal mathematische Größen (wie es in Fachbüchern üblich ist) klein oder groß oder kursiv oder steil geschrieben, manchmal aber auch nicht. Da Sie ja mitdenken, wird Sie das nicht verwirren. Und die kursive Schreibweise verwenden wir auch (wie Sie drei Sätze weiter oben sehen), um etwas zu betonen und hervorzuheben.

Ich habe versucht, Ihnen hier die Grundlagen der Physik zu zeigen – in diesem kleinen Büchlein die der Astrophysik. Dabei will ich Ihnen nur die (aus meiner subjektiven Sicht) wesentlichen *Basics* vermitteln. Physik ist ein riesiges Gebiet, das sich unmöglich in einem kurzen Text abhandeln lässt. Sie werden schnell erkennen, wo meine persönlichen Präferenzen liegen. Damit es nicht allzu technisch wird, habe ich öfter Formeln und Einzelheiten weggelassen. Sicher werden einige Fachleute sagen: „Wo steht denn etwas über XYZ? Das gehört doch hierher!!" Das Büchlein enthält mehr oder weniger Stoff einer höheren Schule – nur *reloaded and remixed*. Also nichts, was man nicht bewältigen könnte. Und ich bekenne mich zu meiner genetischen Vorbelastung, indem ich mich bezüglich Gliederung und Inhalt auf den „Leitfaden der Physik" meines Ururgroßvaters stütze.[4]

Gehen wir nun in die Steinzeit zurück und lernen wir etwas über die Gegenwart (und sogar die Zukunft)! „Physik" bedeutet ja – dem altgriechischen Ursprung des Wortes folgend – die „Naturforschung". Damit Sie das nicht als Mühe empfinden, habe ich es in unterhaltsame Geschichten verpackt. Also machen wir uns auf die Reise ins Neolithikum …

Doch an Eines werden Sie schon stirnrunzelnd gedacht haben: Wie konnten Menschen vor 10.000 Jahren schon so weit entwickelt gewesen sein – ohne Metalle, ohne Maschinen, ohne Technik? Wie wahr! Was auf dem Gebiet der Mathema-

---

[3] „Wicca" ist eine neureligiöse Bewegung und versteht sich auch als die „Religion der Hexen". Quelle: http://de.wikipedia.org/wiki/Wicca.

[4] Wilhelm von Beetz: Leitfaden der Physik. Hrsg. Julius Henrici. Grieben's Verlag, Leipzig 1893. Englisch (Faksimile des Originals), Verlag BiblioBazaar 2008, ISBN-13: 978-0559355868.

tik noch gerade eben vorstellbar war – scharfsinnige Denker, die die Erkenntnisse später Jahrtausende vorwegnahmen –, wird unter diesem Aspekt zunehmend unwahrscheinlich. Aber wozu haben wir denn Siggi Spökenkieker, den Seher?! Und bleiben Sie kritisch mit wachem Verstand. Nicht alles, was gedruckt ist, ist auch wahr. Vielleicht nicht einmal der vorstehende Satz. Damit lasse ich Sie jetzt allein …

Jürgen Beetz, Juni 2015 (10.000 Jahre nach diesen Geschichten)
Besuchen Sie mich auf meinem Blog http://beetzblog.blogspot.de

Inhaltsverzeichnis

1 Einleitung 1

2 Was fliegt da eigentlich so herum? 3
   2.1   Das Weltall ist groß 4
   2.2   Glückliche Umstände zeichnen die Erde aus 6
   2.3   Der Zollstock im Weltall 8
   2.4   Ein Blick in die Ferne ist ein Blick zurück 11
   2.5   Sterne und Planeten 12

3 Warum hält das alles zusammen? 15
   3.1   Fliehkraft, da capo 17
   3.2   Der Mond birgt ein Geheimnis 18

4 Wieso fliegt das Universum dennoch auseinander? 23
   4.1   Der Weltraum ist leer 23
   4.2   Ich sehe was, was du nicht siehst 26
   4.3   Das Universum expandiert 27
   4.4   Dunkle Kräfte lassen ganze Galaxien rotieren 28

5 Wo kam das Universum überhaupt her? 33
   5.1   Ein Stern wird geboren 33
   5.2   Ein Stern stirbt auch wieder – und das ist nicht traurig 35

5.3   Was auseinanderfliegt, muss einmal zusammen gewesen sein   36
5.4   Der Uhr-Knall   38
5.5   Die längste TV-Serie der Welt   41
5.6   Wie soll das bloß enden – ein Universum verschwindet?!   42

Was Sie aus diesem Essential mitnehmen können   45

Literatur   47

Sachverzeichnis   49

Jürgen Beetz studierte nach einer humanistischen und naturwissenschaftlichen Schulausbildung Elektrotechnik, Mathematik und Informatik an der TH Darmstadt und der University of California, Berkeley. Bei einem internationalen IT-Konzern war er als Systemanalytiker, Berater und Dozent in leitender Funktion tätig.

Wenn wir die Chance haben, in unseren hell erleuchteten Großstädten in einen Sternenhimmel zu blicken, dann erstarren wir vor Ehrfurcht vor diesem Anblick: Tausende von Sternen funkeln am Himmel. Aber was ist das, was uns hier umgibt? Gehorcht es unseren physikalischen Gesetzen, die auf der Erde gelten? Können wir erkennen, was dort draußen vor sich geht und damit – wie wir sehen werden – in der Vergangenheit vor sich ging?

Wir kommen aus der „Mittelwelt" der „normalen" Physik in die Welt des unendlich Großen, nach „Makronesien". Doch „unendlich" gibt es in der Realität nicht, nur im Abstrakten. Also in die Welt des sehr, sehr, sehr Großen. Die „klassische Physik" ist in weiten Teilen schon schwierig – erwarten Sie also von dem Grenzbereich des sehr Großen nicht zu viel! Sie werden auch hier auf Dinge stoßen, die schwer bis unmöglich zu verstehen sind. Denn unser Verständnis ist auf unsere vertraute Welt begrenzt, auf „Mesonesien".

Viele betonen die strikte experimentelle Grundlage der Physik: Physiker machen Versuche. Sagt der eine Kosmologe zum anderen: „Lass uns doch mal die zwei Galaxien zusammenknallen – mal sehen, was passiert …" Nein, hier sind Experimente undenkbar. Besonders beim Urknall (ganz zu schweigen von der Zeit davor). Das ist so sinnlos wie die Frage: „Wie ist die Temperatur unterhalb des absoluten Nullpunktes von 0 K?"

Experimentieren heißt auch beobachten und logische Schlüsse mithilfe der (überall geltenden) Naturgesetze zu ziehen.[1] Dadurch können wir Modelle aufstellen und so die Verhältnisse im Universum beschreiben, obwohl es doch so weit von uns entfernt ist. „Das Unverständlichste am Universum ist, dass es verständlich ist", das sagte Albert Einstein. Mal sehen, ob wir dem zustimmen können.

---

[1] Dass die Naturgesetze „immer und überall" gelten, ist eine bisher nicht widerlegte (aber nicht beweisbare) Annahme im „Standardmodell der Kosmologie".

© Springer Fachmedien Wiesbaden 2016

J. Beetz, *Kosmologie für Höhlenmenschen und andere Anfänger,* essentials, DOI 10.1007/978-3-658-11123-6_1

Was fliegt da eigentlich so herum?

2

„Die Sterne lügen nicht" – so sagt das Sprichwort. In allen Kulturen waren sie – neben Sonne und Mond – die auffälligsten Erscheinungen in der Natur und inspirierten die Menschen. Einerseits waren sie der Gegenstand wissenschaftlicher Untersuchungen, andererseits die Quelle spiritueller Vorstellungen. Der schon erwähnte „Hundsstern" zeigte sich wie fast alle anderen Sterne jedes Jahr zur gleichen Zeit an der gleichen Stelle und führte damit zu einer exakten Bestimmung der Jahreslänge. Er wird schon bei den Ägyptern in alten Papyri erwähnt, und die Kunst der Sternenbeobachtung gab es sicher schon erheblich länger.[1]

Das Bild vom Universum zeigt wieder eine Zick-Zack-Bewegung der Wissenschaft, wie beim „Welle-Teilchen-Dualismus" – nur diesmal mit eindeutigem Ergebnis. Der griechische Astronom und Mathematiker Aristarchos von Samos (310–230 v. Chr.) gilt als der „griechische Kopernikus", weil er bereits ein heliozentrisches Weltbild vertrat. Claudius Ptolemäus (100–180 n. Chr.) jedoch glaubte wie die meisten Gelehrten dieser Zeit an ein geozentrisches Weltbild, in dem die Erde unbeweglich im Mittelpunkt des Universums steht. Die Sonne und die Planeten sollten *sie* auf ihren Bahnen umkreisen. An nach außen konzentrisch angeordneten Sphären hingen die Fixsterne. Es konkurrierte lange mit dem heliozentrischen Weltbild, das die Sonne als Mittelpunkt der Planetenbewegungen sah – und die Erde „nur" als einen der Planeten.[2] Erst in der Renaissance, im 15. und 16. Jahrhundert, setzte sich durch exakte Beobachtungen das heliozentrische Weltbild durch und wurde allgemein als „wahr" anerkannt. Der „Freizeitastronom" Nikolaus Kopernikus und der Universalgelehrte Johannes Kepler untermauerten diese

---

[1] Quelle teilweise: Hannsferdinand Döbler: Kultur- und Sittengeschichte der Welt V. Schrift, Buch, Wissenschaft. Bertelsmann, München 1973, S. 110 f.

[2] Siehe http://de.wikipedia.org/wiki/Geozentrisches_Weltbild und http://de.wikipedia.org/wiki/Heliozentrisches_Weltbild.

© Springer Fachmedien Wiesbaden 2016
J. Beetz, *Kosmologie für Höhlenmenschen und andere Anfänger,* essentials,
DOI 10.1007/978-3-658-11123-6_2

Sicht mit so genauen Messungen und Berechnungen, dass sie als „kopernikanisches Weltbild" in die Geschichte einging. Das „ptolemäische Weltbild" war trotz des Widerstandes der Kirche, die es noch bis weit ins 19. Jahrhundert verteidigte, beerdigt. Aber es war ein langer Todeskampf, denn die naturwissenschaftliche Denkweise existierte noch nicht, nach der eine Hypothese durch ein Experiment entweder bestätigt oder widerlegt wird. Zwar hatte Kopernikus sein Werk „Über die Umschwünge der himmlischen Kreise" (*De Revolutionibus Orbium Coelestium*) 1543 veröffentlicht und Kepler die nach ihm benannten Gesetze zwischen 1609 und 1618 erarbeitet, doch bekanntlich wurde Galileo Galilei 1633 für die letzten Jahre seines Lebens unter Hausarrest gesetzt, weil er die heliozentrische Sicht verteidigte. Deswegen schreibt ihm die Legende den trotzigen Satz „Und sie bewegt sich doch!" (italienisch *Eppur si muove!*) zu.[3]

2.1   Das Weltall ist groß

Sehr groß. Umgangssprachlich „unendlich groß", aber in der Natur, die wir beobachten, gibt es immer einen Anfang und ein Ende, ein Kleinstes und ein Größtes. Im Denken können wir spekulieren, ob es darüber hinaus nicht noch etwas geben mag – aber solange wir es nicht gefunden haben, gesehen haben, bewiesen haben, so lange müssen wir es in den Bereich der Spekulation verweisen. Nichts, mit dem die Physik zu tun hätte. Sie hat es schon mit der Realität schwer genug.

Doch wie messen wir z. B. Entfernungen im Weltraum? Niemand kann mit einem Metermaß im Orion-Nebel herumklettern, der 1350 Lichtjahre von uns entfernt ist. Na gut, seitdem wir auf dem Mond herumgelaufen sind, können wir Geräte zur Entfernungsmessung dort installieren, z. B. einen Reflektor für einen Laserstrahl. Da wir die Lichtgeschwindigkeit kennen, können wir damit seine Entfernung exakt bestimmen. Und das im Weltraum übliche Maß „Lichtjahr" [Lj] ist auch schnell zu berechnen, wobei sich die verschiedenen Maßeinheiten schön gegenseitig aufheben:

$$1\ \text{Lj} = 299.792.458\,\text{m/s} \cdot 3600\ \text{s/Std.} \cdot 24\ \text{Std./Tag} \cdot 365\ \text{Tage/Jahr} \cdot 1\ \text{Jahr} = X\ \text{m}$$

Das wird eine große Zahl, deshalb nehmen wir gleich Zehnerpotenzen zur Hilfe:

---

[3] Eine der vielen Legenden, die sich um diesen berühmten Gelehrten ranken, siehe Thomas Schirrmacher: „Und sie bewegt sich doch!" & andere Galilei-Legenden (http://www.professorenforum.de/volumes/v01n01/artikel1/schirrm.htm).

$$X = 2{,}998 \cdot 10^8 \cdot 0{,}36 \cdot 10^4 \cdot 2{,}4 \cdot 10^1 \cdot 3{,}65 \cdot 10^2 \cdot 1 = 9{,}46 \cdot 10^{8+4+1+2}\,\mathrm{m}$$

$$= 9{,}46 \cdot 10^{12}\,\mathrm{km} = 9{,}46 \text{ Billionen Kilometer}$$

Nein, das können Sie sich nicht mehr vorstellen. Auch nicht, dass der Mond etwa 1,3 Lichtsekunden von uns entfernt ist und die Sonne im Mittel ca. 8,3 Lichtminuten oder etwa 150 Mio. km. Denn auch für diese Entfernungen haben Sie kein Gefühl. Es ist „Makronesien" und nicht „Mesonesien", also die Welt des sehr Großen im Gegensatz zu den „mittleren" Dimensionen, die uns Menschen vertraut sind. Und ein Lichtjahr ist … winzig, ein Nichts! Denn im Universum gibt es Dinge, die Millionen oder Milliarden Lichtjahre von uns entfernt sind. Schon der Durchmesser unserer Milchstraße beträgt ca. 100.000 Lichtjahre. Aber Unvorstellbarkeit ist keine Grenze für die wissenschaftliche Erkenntnis.

Schauen wir nur einmal vor unsere Haustüre (Abb. 2.1). Es hat sich bei den meisten Leuten herumgesprochen, dass die Erde um die Sonne kreist (1 Jahr) und sich um sich selbst dreht (1 Tag). Und dass der Mond sich um die Erde dreht (1 Monat) und mit ihr zusammen in einem Jahr die Sonne umkreist.

Wenn die Erde nur ein Ball mit 1 m Durchmesser ist, dann ist die Sonne eine Kugel mit 110 m Durchmesser in 11,8 km Entfernung (siehe Kasten in Abb. 2.1). Ein anderer anschaulicher Vergleich: Wenn die Sonne eine Kugel mit 1,4 m Durchmesser ist, ist die Erde ein Kügelchen von knapp 1,3 cm, das mit einem Möndchen von 3,5 mm im Abstand von 150 m um sie kreist, gehalten von einer magischen Kraft, der Gravitation. Das Erde-Mond-System mit einem Durchmesser von 76 cm würde zwei Mal in die Sonnenkugel passen.

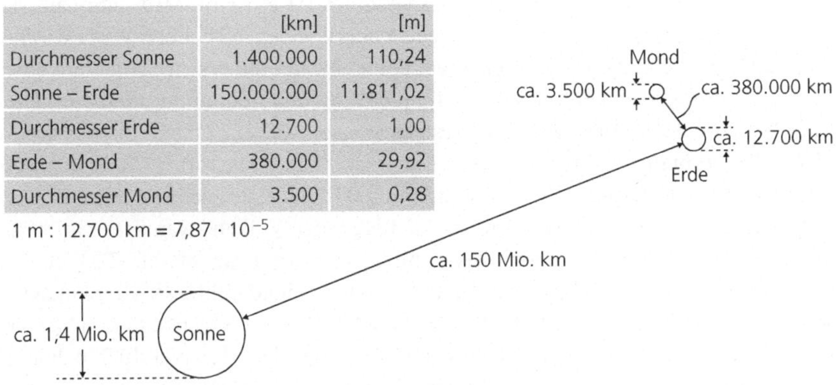

	[km]	[m]
Durchmesser Sonne	1.400.000	110,24
Sonne – Erde	150.000.000	11.811,02
Durchmesser Erde	12.700	1,00
Erde – Mond	380.000	29,92
Durchmesser Mond	3.500	0,28

1 m : 12.700 km = 7,87 · 10⁻⁵

Abb. 2.1 Sonne, Erde und Mond (nicht maßstäblich)

Acht „echte" Planeten umkreisen die Sonne und leuchten durch die Reflexion ihres Lichtes. „Mein Vater erklärt mir jeden Sonntag unseren Nachthimmel" – wenn Sie sich diesen Satz merken können, dann können Sie die Planeten des Sonnensystems in der richtigen Reihenfolge (von der Sonne ausgehend) aufzählen. Jetzt müssen Sie nur noch auf die doppelten „M" achten, dann haben Sie die korrekte Folge: Merkur, Venus, Erde, Mars, Jupiter, Saturn, Uranus und Neptun. Pluto wurde ja inzwischen zum Zwergplaneten degradiert und darf nicht mehr mitspielen. Vier von ihnen sind Gasplaneten (Jupiter, Saturn, Uranus, Neptun), die anderen sind Planeten mit einem festen Kern (Merkur, Venus, Mars).

Interessant sind vielleicht ein paar Daten als Orientierung (Einzelheiten sind in Tab. 10.1 des Physikbuches oder im Internet nachlesbar). Im Vergleich zur Sonne mit einem Durchmesser von 1.392.700 km und einer Masse von ca. $2 \cdot 10^{30}$ kg sind die Planeten alle ziemlich klein und unscheinbar. Selbst der dicke Jupiter ist noch 1000-mal leichter als sie. (Fast) alle umkreisen die Sonne in derselben Drehrichtung auf nahezu kreisförmigen Ellipsen, die alle in ungefähr derselben Ebene liegen – eine Besonderheit, die manchem Kosmologen zu denken gab.

So weit eine kurze Bestandsaufnahme unseres Sonnensystems, die mit dem physikalischen Geschehen und seinen Gesetzen erst einmal wenig zu tun hat.

2.2 Glückliche Umstände zeichnen die Erde aus

Die Erde ist in vieler Hinsicht privilegiert und wir mit ihr, neben allem Leben auf ihr. Sie hat den richtigen Abstand zur Sonne, ist weder zu warm noch zu kalt. Sie hat einen Mond, der (wie wir noch sehen werden) ihre Drehachse stabilisiert. Das sorgt für einen gemäßigten Wechsel zwischen Sommer und Winter auf ihren Halbkugeln und damit für ein Klima ohne Exzesse. Da sie etwa 4,6 Mrd. Jahre alt ist, hat sie die Frühstadien eines jungen Planeten überwunden. Nebenbei: Wenn wir ihr Alter auf einen einzigen Tag projizieren, dann tauchen die ersten Säugetiere eine Stunde vor Mitternacht auf, der *Homo sapiens* 2,4 s und Eddi und Rudi 0,19 s. Die Erde besitzt eine Atmosphäre und flüssiges Wasser – zwei Zutaten, die das organische Leben braucht. Ihre Atmosphäre (zzt. ca. 78 % Stickstoff, 21 % Sauerstoff und andere Gase, darunter Kohlendioxid mit 0,04 %) hat sie „selbst gemacht". Als junger Planet, gewissermaßen ein im All fliegender Vulkan, waren es ca. 80 % Wasserdampf, 10 % Kohlendioxid und 5 bis 7 % Schwefelwasserstoff. Tödlich für alles Leben, hätte es welches gegeben. Irgendwann einmal kühlte sich der vulkanische Ball so weit ab, dass sich der Wasserdampf in Regen verwandelte. Ein Winter in Holland ist nichts dagegen, denn der Dauerregen dauerte etwa 40.000 Jahre. Danach hatten sich die Ozeane gebildet und allerlei chemische Prozesse bildeten aus der ersten die „zweite Atmosphäre" vor etwa 3,4 Mrd. Jahren: hauptsächlich Stickstoff und geringere Anteile an Wasserdampf, Kohlendioxid und Argon.

Aber die Ozeane waren da, und in ihnen entstand – auf noch nicht vollständig geklärte Weise – das erste Leben in Form von Einzellern. Sie lebten drei Milliarden Jahre hier, bevor die ersten Mehrzeller auftauchten. Blaualgen, heute Cyanobakterien genannt, verwandelten durch chemische Reaktionen Kohlendioxid in Sauerstoff. So bildete sich im Laufe der Zeit die „dritte Atmosphäre" – im Laufe einer *langen* Zeit. Dummerweise war Sauerstoff für die meisten damaligen Lebewesen giftig: die „große Sauerstoffkatastrophe". Aber die Natur passte sich an, und nach langer Zeit halfen auch Pflanzen mit der sauerstoffbildenden Photosynthese mit. Die Sauerstoffkonzentration nahm zu, und vor etwa 750 bis 400 Mio. Jahren begann die Bildung von Ozon (O_3) in höheren Schichten der Atmosphäre.

Denn unsere Erde ist ja einem ständigen und gefährlichen Bombardement von der Sonne ausgesetzt. Sie versorgt uns nicht nur mit lebensspendender Energie in Form von Licht und Infrarotstrahlung, sondern auch noch mit allerlei gefährlichen Dingen wie z. B. UV-Strahlen. Die Ozonschicht hält sie ab. Und ein Magnetfeld schirmt weitere Emissionen der Sonne ab: den „Sonnenwind", hochenergetische Teilchen, die auch das Polarlicht hervorrufen. Auch das Magnetfeld ist wie die Atmosphäre „selbstgemacht". Und wie erzeugt unser toller Planet das Erdmagnetfeld? Die Herren Maxwell, Faraday und Siemens lassen grüßen: Die Erde ist ein Dynamo. Der innere Erdkern ab einer Tiefe von 5150 km und bis zum Erdmittelpunkt ist eine feste Eisen-Nickel-Legierung (80 % Eisen, 20 % Nickel). Der äußere Erdkern zwischen ca. 2900 und 5150 km mit Temperaturen zwischen ca. 4200 und ca. 6000 °C ist zähflüssig. Diese Masse ist elektrisch leitend. Jetzt wird Ihnen alles klar: Die Erde dreht sich, der Kern setzt dem eine Massenträgheit entgegen, in der unterschiedlich heißen Zwischenschicht bilden sich Wärme- und damit Materialströme aus – und die können über Ionisierungsvorgänge elektrisch geladen sein. Bingo! Bewegte elektrische Ladungen erzeugen ein Magnetfeld. Fertig ist das Erdmagnetfeld mit allen seinen segensreichen Wirkungen.[4]

Ach ja, Wasser … wo kommt das denn her? Das ist bis heute nicht vollständig geklärt. Wasser ist ja „nur" ein Molekül, das im Weltraum und z. B. auf den Planeten Venus und Mars vorkommt. Es könnte in ausreichender Menge in den Brocken vorhanden gewesen sein, aus denen sich die Urerde zusammengeklumpt hat. Vielleicht hat sie auch einen „nassen" Asteroiden eingefangen? Planetenkeime („Planetesimale") aus dem Asteroidengürtel des Sonnensystems waren reich an Wasser.

---

[4] Das war eine notwendigerweise stark verkürzte Darstellung. Wer an diesen spannenden und komplexen Zusammenhängen interessiert ist, kann sich u. a. mit den Stichwörtern *Erde, Erdkern, Erdmagnetfeld, Erdatmosphäre, Herkunft des irdischen Wassers* usw. durch Wikipedia hangeln. Auch die „Geodynamo"-Theorie ist noch mit einigen Unsicherheiten behaftet (siehe http://www.es.ucsc.edu/~glatz/geodynamo.html). Für die Entstehung des Erdmagnetfelds ist hauptsächlich eine rückgekoppelte elektrodynamische Verstärkung entscheidend, die von den überall im All vorhandenen schwachen Magnetfeldern ausgeht.

Außerdem wurde das innere Sonnensystem vor ca. 3,9 Mrd. Jahren vom „Großen Kosmischen Bombardement" getroffen – Kometen, die auf langen Bahnen um die Sonne flogen. Kometen sind aber im Grunde nichts anderes als schmutzige Schneebälle. Sie hätten (neben diversen anderen, auch organischen, Verbindungen als Bausteine für die Entstehung des Lebens) auch Wasser mitbringen können. Wie dem auch sei: Wir haben Wasser, wir brauchen es und wir lieben es.

2.3   Der Zollstock im Weltall

Wie aber messen wir denn nun die Entfernungen, wie z. B. zwischen der Erde und einem Stern? Und Entfernung ist wegen der begrenzten Geschwindigkeit des Lichts ja immer ein Rückblick in die Vergangenheit. Jede Beobachtung eines fernen Sterns ist eine Zeitreise! Wenn wir also wissen, wie *groß* das Universum ist, dann wissen wir auch, wie *alt* es ist. Wenn wir irgendetwas vom „Rand" des Universums „sehen" (mit „sehen" ist nicht nur das Licht gemeint, sondern jede elektromagnetische Welle), dann muss es vom Anfang des Universums stammen.

Ein komplexes Thema, wie so viele, wenn man tiefer einsteigt. Denn jede beantwortete Frage reißt, wie so oft, zehn weitere auf: Woher kennt man den Radius der Erdumlaufbahn von ca. 150 Mio. km? Dieser Wert wurde sogar zur „Astronomischen Einheit" 1 AE erklärt. Wie bestimmt man die Entfernung des Mondes oder die Masse der Sonne? Das ist, wie gesagt, alles noch vor unserer Haustür. Wo sind aber die nächsten Sterne, d. h. „Sonnen" mit eigener Leuchtkraft?

Nehmen wir exemplarisch nur diese Frage heraus (alles andere kann man nachlesen).[5] Die der Messung zugrunde liegende Erscheinung kennen wir aus dem Alltag – und auch Eddi und Rudi waren sie bekannt (Abb. 2.2). Sieht man ein Objekt X – etwa den Stamm eines Baumes – von einem Standpunkt A aus an der rechten Kante einer Hütte, dann „wandert" er nach rechts, wenn man selbst nach links wandert, z. B. zum Punkt B, und man sieht ihn vielleicht vor einem anderen markanten Punkt. Diesen Effekt nennt man „Parallaxe".

---

[5] Quellen z. B.: http://de.wikipedia.org/wiki/Entfernungsmessung, Harald Lesch: „Wie misst man Entfernungen im All?" Teil I–III, alpha-Centauri 2000–2001 (http://www.br.de/fernsehen/br-alpha/sendungen/alpha-centauri/alpha-centauri-all−2000_x100.html, http://www.br.de/fernsehen/br-alpha/sendungen/alpha-centauri/alpha-centauri-all−2001_x100.html, http://www.br.de/fernsehen/br-alpha/sendungen/alpha-centauri/alpha-centauri-entfernungen−2001_x100.html), Franz Schmied: Entfernungs-Messungen im All (http://www.raumfahrer.net/astronomie/beobachtung/entfernung.shtml).

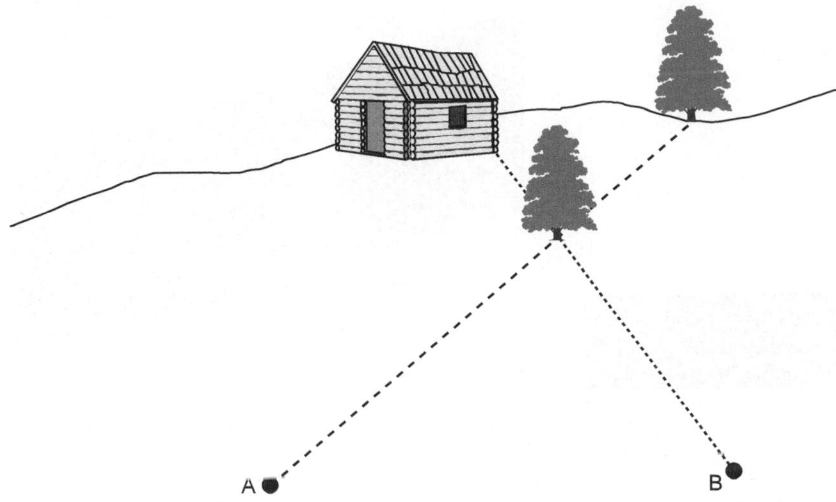

Abb. 2.2 Parallaxe im Alltag

Dieselbe „Bewegung" vollführt ein „naher" Stern vor einem weit entfernten Sternbild, da sich dieses bei der Bewegung des Beobachters nicht verschiebt. Die Bewegung des Beobachters ist die … Erdumlaufbahn um die Sonne. Im Frühjahr, wenn die Erde am Punkt A steht (vielleicht am „Frühlingspunkt", um den 20./21. März), sieht man den Stern X vielleicht im Inneren des großen Wagens an der Vorderkante. Im Herbst (am „Herbstpunkt", um den 22./23. September) steht die Erde am Punkt B und X ist unterhalb der Deichsel zu sehen (Abb. 2.3). In Wirklichkeit ist dieses Beispiel stark übertrieben, denn die am Himmel beobachteten Unterschiede bewegen sich im Bereich weniger Bogensekunden.[6]

Wir suchen den Abstand r zwischen Stern X und der Sonne S. Nun kennen wir die Entfernung AS = 1 AE, und das rechtwinklige Dreieck AXS aus Erde, Stern und Sonne schneidet den Winkel 2φ in 2 Hälften, sodass

$$\tan \varphi = \frac{1\,\text{AE}}{r}$$

---

[6] Quelle: http://de.wikipedia.org/wiki/Parallaxe, Bild frei nach „ParallaxeV2.png" von „WikiStefan".

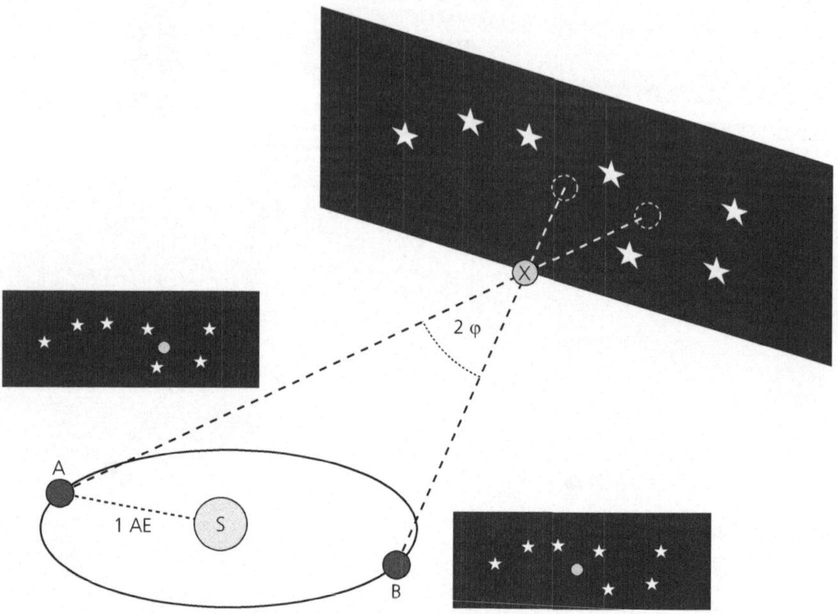

Abb. 2.3 Parallaxe zur Entfernungsbestimmung für Stern X

Da φ sehr klein ist, ist tan $\varphi \approx \varphi$ (im Bogenmaß). Es sind nur Bruchteile eines Winkels, also misst man nicht in Grad, auch nicht in Bogenminuten ($^{1}/_{60}$ Grad), sondern in Bogensekunden ($^{1}/_{60}$ Bogenminute). Und schon ist ein neues kosmisches Maß definiert, die *parsec* (Parallaxensekunde, pc). Das ist die Entfernung, für die die Parallaxe 1″ (1 Bogensekunde) betragen würde. Jetzt werden Sie aufmerksam: ein „Spitzdach" mit einem Winkel von $^{1}/_{3600}$ Grad über dem Erdbahnradius?!! Das muss aber *sehr* weit weg sein!

Ist es auch. Wandelt man den Winkel von [Grad] in Bogenmaß [rad] um, dann ist

$$1 \text{ pc} = \frac{180 \cdot 60 \cdot 60 \cdot 1 \text{ AE}}{\pi} \cdot 206.000 \text{ AE} = 3{,}26 \text{ Lj.}$$

Die kleinsten messbaren Parallaxen liegen bei 0,01″, und das beschränkt die damit messbaren Sternentfernungen auf ca. 100 pc=326 Lj – wieder nur „vor unserer Haustüre". Also muss man zu anderen Methoden der Entfernungsbestimmung im

All greifen.[7] Die Parallaxenmethode sollte ja nur als Beispiel dienen, mit welchen Verfahren man einfachste Physik im Weltraum betreibt.

2.4 Ein Blick in die Ferne ist ein Blick zurück

Nun blicken wir also ins Weltall mit unseren Teleskopen (wörtlich: ‚Fernseher'). Stellen wir uns vor, um den erdnächsten Stern *Alpha Centauri* (eigentlich ein Doppelsternsystem), der etwa die gleiche Masse wie die Sonne hat und damit die gleiche Anziehungskraft, kreise eine weitere Erde. Dort wohnt Ihr *Facebook*-Freund, von dem Sie lange nichts gehört haben. Also schicken Sie ihm eine Nachricht, er möge Ihnen doch ein aktuelles Foto einstellen. Er zögert keine Sekunde. Allerdings ist er etwa 4,34 Lichtjahre entfernt und bekommt Ihre Nachricht erst nach über vier Jahren. Was er ins Netz stellt, ist aus heutiger Sicht ein Bild aus der Zukunft. Allerdings sehen Sie das Ergebnis erst in 8 Jahren und Sie sehen somit kein aktuelles Foto, sondern eines, das vier Jahre alt ist. Ein Bild aus der Vergangenheit. Wie alle Bilder, die die Astronomen aus dem Weltall empfangen. Sie sehen vielleicht Dinge, die „jetzt" gar nicht mehr da sind. So viel zum Thema „Gleichzeitigkeit" (das noch viel tückischer ist und Albert Einstein bei seiner Relativitätstheorie beschäftigt hat).

Das Schöne an der Physik ist: Die Naturgesetze gelten immer und überall. Zum Beispiel der Dopplereffekt – die zeitliche Veränderung der Wellenlänge eines Signals bei Veränderungen des Abstands zwischen Sender und Empfänger. Welle ist Welle – ob Schall oder Licht. Licht ist eine elektromagnetische Welle. Deren „Schallgeschwindigkeit" beträgt bekanntlich ca. 300.000 km/s, die Wellenlänge λ zwischen etwa 780 bis 380 nm (1 nm $= 10^{-9}$ m).

Wenn sie mit 150.000 km pro Sekunde (die halbe Lichtgeschwindigkeit) auf eine rote Ampel zufahren, dann würde ihnen die Ampel grün erscheinen.[8] Jetzt können Sie sich aussuchen, ob Sie wegen des Überfahrens einer roten Ampel oder zu hoher Geschwindigkeit bestraft werden wollen. Erfreulicherweise fliegt im Weltall wenig auf uns zu und das meiste von uns weg. Also sehen wir bestimmte Wellenlängen, die wir bei Sternen kennen (z. B. eine Spektrallinien der Sonne wie die rote Fraunhofer-Linie C für Wasserstoff bei 656,28 nm), als „Rotverschiebung". Überlassen wir den Nachweis, dass es sich bei einem Stern X um ein

---

[7] Siehe Thomas Gebhardt: „Entfernungsbestimmung in der Astronomie" (http://www.zum.de/Faecher/Materialien/gebhardt/astronomie/entfern.html) und http://de.wikipedia.org/wiki/Entfernungsmessung.

[8] Die Bewegung auf ein Objekt zu erhöht die Frequenz und verkürzt die Wellenlänge (für „rot" ≈ 600 nm, für „grün" ≈ 550 nm).

sonnenähnliches Ding handelt, den Astrophysikern – aber wenn sie es bewiesen haben und die C-Linie bei tiefroten 669,71 nm Wellenlänge messen, dann wissen sie, wie schnell es sich von uns entfernt. Es verschieben sich also Spektrallinien, d. h. Emissionen oder Absorptionen von Frequenzen, die charakteristisch für bestimmte Materialien sind. Bei den meisten Sternen ist das Wasserstoff und Helium, aus denen ihr gasförmiges heißes Plasma besteht. Oft verschieben sich die Linien noch weiter als bis zum sichtbaren „Rot", nämlich in den Infrarot-Bereich.

2.5 Sterne und Planeten

„Dass die Erde um die Sonne kreist, das hat Rudi ja schon vor einem Jahr herausbekommen",[9] sagte Siggi, „Aber wie geht das genau? Wie sieht die Bahn der Erde aus? Habt ihr euch darüber schon mal Gedanken gemacht?" „Nö", sagte Rudi, „aber als Physiker vermute ich erst einmal, dass es ein Kreis ist. In seinem Mittelpunkt könnte die Sonne stehen." Eddi hatte einen Einwand: „Wir haben aber Sommer und Winter, die sich stark unterscheiden. Ich glaube, dass im Winter die Sonne weiter weg ist. Dann müsste die Erdbahn eine Ellipse sein, in deren einem Brennpunkt A die Sonne steht. Ich male das mal auf. Der helle Kreis um B wäre dann die zweite mögliche Sonnenposition" (Abb. 2.4).

Siggi schüttelte den Kopf, was Rudi sofort erfasste: „Das kann nicht sein, denn im Winter steht die Sonne ja wesentlich tiefer. Vielleicht ist es doch ein Kreis, und die Erdachse steht darin schräg. Meine Physikerkollegen haben mir nämlich berichtet, dass sie auf der Südhalbkugel genau dann Winter haben, wenn bei uns Sommer ist. Und umgekehrt."

Worüber unsere Gelehrten mal eben ein paar Minuten nachdachten, das beschäftigte den deutschen Naturphilosophen und Astronomen Johannes Kepler um das Jahr 1600, wie Siggi zu berichten wusste. Das Ergebnis jahrelanger akribischer

Abb. 2.4 Das Zweite Kepler'sche Gesetz

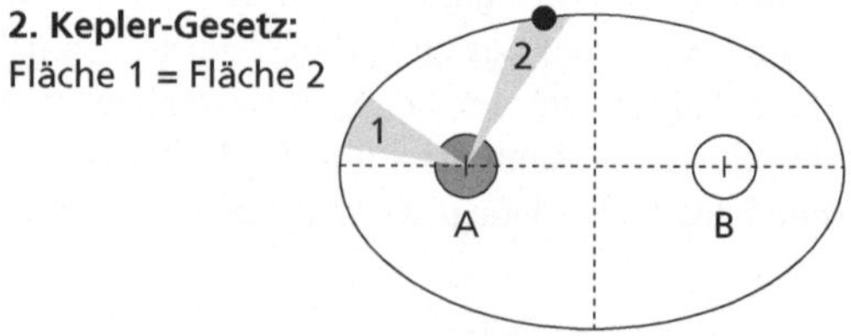

---

[9] Jürgen Beetz: $1+1=10$ – Mathematik für Höhlenmenschen. Springer, Heidelberg 2012, S. 59 f.

Arbeit waren die zu seinen Ehren so genannten Kepler'schen Gesetze.[10] Die ersten beiden formulierte er 1609, am dritten tüftelte er weitere zehn Jahre. Er griff die Ideen des polnischen Astronomen Nikolaus Kopernikus auf und konkretisierte sie. Hier sind sie:

1. Die Planeten bewegen sich auf Ellipsen, in deren einem Brennpunkt die Sonne steht.[11]
2. Die Verbindungslinie Sonne–Planet überstreicht in gleichen Zeiten gleiche Flächen.
3. Das Verhältnis aus den 3. Potenzen der großen Halbachsen und den Quadraten der Umlaufzeiten ist für alle Planeten konstant.

Nehmen wir als Beispiel das 2. Gesetz (Flächen 1 und 2 in Abb. 2.4): Es besagt, dass der Planet im Bogen 1 schneller fliegen muss als im Bogen 2. Wie gut, dass Newton seine Gesetze noch nicht erfunden hatte, sonst hätte Kepler darüber nachdenken müssen, welche Kraft denn zu dieser Geschwindigkeitsänderung führt!

Dass die verstärkte Gravitationswirkung einen Planeten beschleunigt, wenn er sich der Sonne nähert (bei 1), ist ja klar – aber was macht ihn langsamer (bei 2)? Nach Newton müsste er doch seine gewonnene Geschwindigkeit beibehalten! Welche Kraft bremst ihn? Es ist ihre Gravitation: Wenn er sich der Sonne A nähert, wird er beschleunigt, wenn er sich von der Sonne entfernt, wird er durch ihre Anziehungskraft gebremst … ein immerwährendes Wechselspiel.

Keplers Schlussfolgerung lautete wörtlich, „dass die Himmelsmechanik nicht einem göttlichen Gefüge, sondern eher einem Uhrwerk verglichen werden muss … insofern nämlich, als all die vielfältigen Bewegungen mittels einer einzigen, recht einfachen […] Kraft erfolgen." Fortschrittlich, der Mann!

Aber welche „einfache Kraft" hält die Planeten auf ihren Bahnen? Eine mystische Fernwirkungskraft, Magnetismus oder die unergründlichen Gesetze der Schöpfung? Nun kommen wir also endlich zu der schon so oft erwähnten „Gravitation" – ein Begriff, der uns allen geläufig ist und dessen Gesetz wir jetzt kennenlernen.

---

[10] Hier bietet sich neben zahlreichen anderen Quellen die Kepler-Gesellschaft an: http://www.kepler-gesellschaft.de/Kepler-Foerderpreis/2006/Platz1_Faecheruebergreifend/Astronomie.html. Von dort die wörtliche Formulierung der drei Gesetze und Keplers Schlussfolgerung.

[11] Streng genommen gilt dieses Gesetz nur, wenn die Planeten eine im Vergleich zur Sonne vernachlässigbare kleine Masse haben (das gilt für alle „Sonnen" = Zentralgestirne, um die Planeten kreisen bzw. für Monde, die um Planeten kreisen).

Schon unsere Steinzeit-Forscher fragten sich, welche Kräfte die Himmelskörper an ihrem Platz halten. Rudi kam allein wieder nicht weiter und suchte das Gespräch mit Siggi: „Wir wissen doch schon seit ein paar Jahren, dass die Erde rund ist und um die Sonne kreist. Und der Mond um die Erde. Aus meinen Fliehkraft-Experimenten weiß ich, dass sie das nicht freiwillig tun. Irgendetwas muss sie festhalten, sonst würden sie geradeaus wegfliegen. Welche Kraft hält aber die Erde in der Kreisbahn um die Sonne? Da ist ja kein Seil ..." Siggi grinste höflich über diesen kleinen Scherz und gab die Antwort: „Darüber werden später viele Gelehrte nachdenken. Eine rätselhafte Fernwirkung. Der erste und berühmteste, der es deutlich ausgesprochen und mathematisch formuliert hat, war Isaac Newton. Einfach ausgedrückt: Zwei Massen m_1 und m_2 im Abstand r ziehen sich mit einer Kraft K an. Das ist das Newton'sche Gravitationsgesetz. Soll ich dir die Formel in den Sand schreiben?"[1] Rudi nickte und betrachtete nachdenklich das Ergebnis, während Siggi sich still entfernte, um seine Formel wirken zu lassen:

$$F = G\,\frac{m_1 m_2}{r^2}$$

Eddi kam vorbei und war natürlich neugierig: „Zwei Körper ziehen sich an? Wie abwegig! Dann müssten *wir* uns ja anziehen, vor allem bei deiner Masse!" „Ich weiß", grinste Rudi, „das ist ja nur zwischen dir und Willa der Fall." Doch er wurde

---

[1] Siehe http://de.wikipedia.org/wiki/Gravitation#Geschichte, http://de.wikipedia.org/wiki/Newtonsches_Gravitationsgesetz, http://de.wikipedia.org/wiki/Fernwirkung_(Physik).

© Springer Fachmedien Wiesbaden 2016   15
J. Beetz, *Kosmologie für Höhlenmenschen und andere Anfänger,* essentials,
DOI 10.1007/978-3-658-11123-6_3

sofort wieder sachlich: „Ich glaube Siggi. Ich weiß nicht, *warum* sie sich anziehen, aber das ist auch nicht Gegenstand der Physik. Wenn das Gesetz stimmt und die Formel auch – und physikalische Gesetze gelten immer und überall –, dann müssten auch wir uns anziehen. So leid mir das täte … Dann kann es nur an der Größe der Gravitationskonstanten G liegen, dass wir das nicht merken."

Scharfsinnig, der Rudi. Das Wesen der Gravitation, dieser „geisterhaften Fernwirkung", ist noch nicht restlos geklärt. Und viele physikalische Effekte sind *da*, aber so klein, dass sie nicht spürbar und manchmal nicht einmal messbar sind. Hier liegt es am Wert der Gravitationskonstanten G:

$$G = 6{,}673 \cdot 10^{-11} \, \frac{\mathrm{m}^3}{\mathrm{kg} \cdot \mathrm{s}^2}$$

Rechnen wir nach und prüfen dabei auch gleich die Dimensionen: Eddi sei m_1 mit 70 kg, Rudi sei m_2 mit 90 kg und sie stehen 1,5 m voneinander entfernt:

$$F = 6{,}673 \cdot 10^{-11} \, \frac{\mathrm{m}^3}{\mathrm{kg} \cdot \mathrm{s}^2} \cdot 70 \cdot 90 \ \mathrm{kg}^2 \cdot \frac{1}{2{,}25 \ \mathrm{m}^2} = 1{,}868 \cdot 10^{-7} \, \frac{\mathrm{m} \cdot \mathrm{kg}}{\mathrm{s}^2}$$

Siehe da, F ist eine Kraft, und die Einheit $\mathrm{m} \cdot \mathrm{kg/s}^2$ wird zu Ehren des Gelehrten „Newton" (N) genannt. Die Kraft ist hier nur sauklein, sie entspricht einem Gewicht von ca. 0,2 Mikrogramm (μg). Denn ein Körper der Masse 1 kg erfährt die Gewichtskraft von 9,81 N. Die Größe G ist eine der vier fundamentalen Naturkonstanten und hat die exakte Größe $6{,}673 \ 84(80) \cdot 10^{-11} \ \mathrm{m}^3 \ \mathrm{kg}^{-1} \ \mathrm{s}^{-2}$, wie man inzwischen weiß.[2]

Das Newton'sche Gravitationsgesetz, diese einfache Formel aus dem Jahre 1686, war eine Revolution. Die Gesetze der „heiligen" Sterne lassen sich in einer so einfachen mathematischen Formulierung ausdrücken, dass man sie zur Not auch noch in Worte fassen kann: „Die Anziehungskraft zwischen zwei Körpern ist proportional zum Produkt der beiden Massen und umgekehrt proportional zum Quadrat ihres Abstandes." Es ist eine Kraft, die eine „große Reichweite" hat – in großer Entfernung vielleicht nicht mehr messbar, aber vorhanden. Im Gegensatz zum Coulomb'schen Gesetz für elektrische Ladungen ist sie immer nur eine Anziehungskraft – es gibt (anders als bei gleichen Ladungen) keine Abstoßung.[3]

---

[2] Quelle: NIST (National Institute of Standards and Technology) Reference on Constants, Units, and Uncertainty in http://physics.nist.gov/cuu/Constants/. Die „(80)" ist die Ungenauigkeit.

[3] Wer weiß? „Es gibt keine" kann voreilig sein – „wir kennen noch keine" wäre angemessener. Wir werden noch „dunkle Energie" kennenlernen, die das Universum auseinandertreibt. Vielleicht ist das eine „abstoßende Gravitation"?

Heißt das, dass wir die Massenanziehung auf der Erde nicht feststellen können und wir nicht wissen, ob uns nicht eine andere geheimnisvolle Kraft auf dem Stuhl hält? Keineswegs! Denn es gibt die „Gravitationswaage", ein Gerät, das der britische Naturwissenschaftler Henry Cavendish 1797 benutzte, um die Dichte der Erde und danach die Gravitationskonstante G zu ermitteln. Er benutzte zur Messung dieser feinen Anziehungskräfte einen „Torsionsdraht": ein Draht, dessen Verdrehung (Torsion) durch einen Lichtstrahl gemessen wird. An dem Draht hängen ausbalanciert an einem waagerechten Stab zwei kleine und zwei große Massen, die die kleinen Massen ablenken. Durch die Massenanziehung verdreht sich der Draht ein wenig, was durch einen Spiegel vergrößert wird.

Der Rest ist ein wenig Rechnerei. Aber immerhin war Cavendish damit in der Lage, die Dichte der Erde zu 5,448 g/cm^3 zu bestimmen. Wenn Sie das mit Dichtewerten (z. B. im Internet) vergleichen, werden Sie staunen: ein Wert zwischen Granit und Eisen, fast dreimal so hoch wie Erdreich (vom Meerwasser ganz zu schweigen). Also muss im Kern der Erde ganz schön schweres (d. h. dichtes) Material stecken! An den heutigen Wert der Gravitationskonstanten G kam er bis auf 1 % heran. Nun war es nur noch ein Schritt zur Bestimmung der Masse der Erde (die man ja schließlich nicht auf die Waage legen kann): Die Erde bringt es auf $m_1 = 5{,}974 \cdot 10^{24}$ kg.

Anders als zwischen Eddi und Rudi schaut die Gravitationskraft schon bei Erde und Mond aus: Der Mond hat die Masse $m_2 = 7{,}349 \cdot 10^{22}$ kg, und die Entfernung beträgt ca. 384.400 km (die Bahn ist nicht exakt kreisförmig) oder $3{,}844 \cdot 10^8$ m. Ab damit in Newtons Formel … na ja, das können Sie selber. Ich bekomme, wenn ich mich nicht verrechnet habe, $F = 1{,}982 \cdot 10^{20}$ N heraus. Das ist schon ein starkes „Seil"!

3.1 Fliehkraft, da capo

„Wir haben doch über die Fliehkraft gesprochen",[4] sagte Eddi, „Wenn die Erde sich dreht, dann müssten wir doch von der Fliehkraft in den Himmel geschleudert werden. Warum fliegen wir nicht davon, zu den Planeten oder den Sternen?"
„Fragen Sie Ihren Physiker!", antwortete Rudi, „Das können wir berechnen. Wir vereinfachen natürlich mal wieder einiges. Nehmen wir an, du wolltest in einer stabilen Umlaufbahn um die Erde kreisen, gehalten vom Gleichgewicht zwischen Erdbeschleunigung und Zentrifugalbeschleunigung, gewissermaßen wie ein klei-

---

[4] Siehe Kap. 2.2 in Beetz J (2015) E=mc².

ner Mond. Du bist die kleine Masse m, die Erde ist die große Masse M". Und er begann, die Formeln hinzuschreiben:

$$\text{Fliehkraft} = \text{Massenanziehungskraft} \quad m \cdot \frac{v^2}{r} = G\frac{m \cdot M}{r^2} \Rightarrow \quad v = \sqrt{G\frac{M}{r}}$$

„Das ist Ergebnis von der Masse des Trabanten unabhängig, wie du hier siehst. Jetzt müssen wir ein wenig …" Eddi ergänzte: „Rechnen, ich weiß. Lassen wir mal den Luftwiderstand und alles andere weg – ich möchte so schnell waagerecht fliegen, dass ich gewissermaßen schwebe. Wie schnell muss ich sein?" Rudi kritzelte Zahlen in den Sand (gehen wir mal darüber hinweg, woher er sie kannte – Siggi käme infrage):

$$G = 6{,}673 \cdot 10^{-11}\,\frac{m^3}{kg \cdot s^2},\; M = 5{,}974 \cdot 10^{24}\,kg,\; r = 6{,}371 \cdot 10^6\,m$$

$$\Rightarrow v = 7{,}91 \cdot 10^3\,m/s = 28{.}476\,km/h$$

„Wenn du unserem tristen Dasein entfliehen willst, dann musst du mehr als 28.476 Stundenkilometer schnell sein."[5] „Waagerecht durch die Luft …", sinnierte Eddi, „Hoffentlich stehst du mir da nicht im Wege!"

3.2   Der Mond birgt ein Geheimnis

Rudi traf Eddi am Strand, wo er das ansteigende Wasser beobachtete. „Ich denke nach …", begann Eddi und kam gleich zur Sache: „Einige Menschen glauben, der Mond ziehe Wasser an. Die Flut beweise es. Und da wir zu 80 % aus Wasser bestünden, habe er auch einen Einfluss auf uns. Deswegen bekommen sie bei Vollmond Kopfschmerzen und können nicht schlafen. Aber ihre Haare wachsen dann kräftiger. Nun frage ich mich – und ich frage *dich* –, wie hängt das alles zusammen? Ich

---

[5] Um dem Gravitationsfeld der Erde zu entkommen reicht es nicht, in einer Umlaufbahn zu sein. Die von Rudi errechnete Kreisbahngeschwindigkeit („erste kosmische Geschwindigkeit") ist dazu zu gering. Erst die sog. „Fluchtgeschwindigkeit" („zweite kosmische Geschwindigkeit") von 40.320 km/h am Äquator befördert uns ins All (Quelle: http://de.wikipedia.org/wiki/Fluchtgeschwindigkeit).

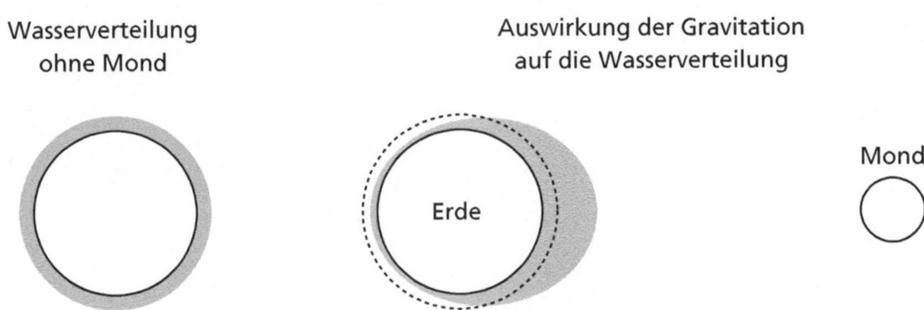

Abb. 3.1 Ein Flutberg, erzeugt durch die Gravitation des Mondes

bin verwirrt."[6] „Das sind Mathematiker ja öfter, wenn sie auf das wirkliche Leben treffen", grinste Rudi, „aber lass uns mal die Sache auseinandernehmen!"

„Ja", sagte Eddi, „Vollmond … das ist ja kein *anderer* Mond, er ist nicht schwerer oder so, er reflektiert nur in seiner vollen Größe das Sonnenlicht, weil er auf der Seite der Erde steht, die der Sonne abgewandt ist." (vergl. Abb. 2.1, in der der Mond als Halbmond erscheinen würde). „Richtig!", bestätigte Rudi, „Stände er zwischen Erde und Sonne, würde seine der Sonne zugewandte Seite beleuchtet und wir sähen nur seine dunkle Seite. Neumond. Er ist ja immer *da*, auch wenn wir ihn nicht sehen. Halte einen runden Apfel senkrecht zur Richtung des Sonnenlichts, und du siehst eine Hälfte erleuchtet und die andere Hälfte im Schatten – mit einer schönen sichelförmigen Trennlinie."[7]

„Gut!", sagte Eddi, „Weiter! Was zieht der Mond an?" „Alles. Nach dem Gesetz der Massenanziehung zieht er *alles* an: Wasser, Steine und die ganze Erde.[8] Auch die Haare, die ja kein Wasser enthalten, sondern trockene Hornfäden sind. Aber

---

[6] Vergl. u. a. Sven Stockrahm: „Alle mondfühlig oder was?" (http://www.zeit.de/wissen/gesundheit/2013-07/mond-schlaf-einfluss), Klaudia Einhorn & Günther Wuchterl (Jan. 2012): „Studien widerlegen behauptete Mondeinflüsse" (http://dermond.at/mondphasen.html), Odenwalds Universum: „Beeinflusst der Mond den Menschen?" focus online 02.11.2007 (http://www.focus.de/wissen/weltraum/odenwalds_universum/odenwalds-universum_aid_137752.htm), „Mythos: Schlechter Schlaf bei Vollmond" (http://www.netdoktor.at/gesundheit/mythos-schlechter-schlaf-bei-vollmond-301568), „Studie: Schläft man bei Vollmond wirklich schlechter?" (http://www.schlafen-aktuell.de/aktuell/new-wave/studie-vollmond.1108201301.htm) und Jürgen Beetz: Denken – Nach-Denken – Handeln – Triviale Einsichten, die niemand befolgt. Alibri, Aschaffenburg 2010, S. 93 f.

[7] Ein Ausrutscher des Autors, denn halbrunde Steinsicheln gab es damals sicher nicht (aber es macht die Sache sehr anschaulich).

[8] Seit wir die Erde mit Satelliten vermessen können, wissen wir, dass sich die Erdschale auf der dem Mond zugewandten Seite um fast einen halben Meter anhebt. Das ist das Gravitationsgesetz, das Sir Isaac Newton um 1686 in der *Philosophiae Naturalis Principia Mathematica* (Mathematische Prinzipien der Naturphilosophie) beschrieb und das wir gerade besprochen haben.

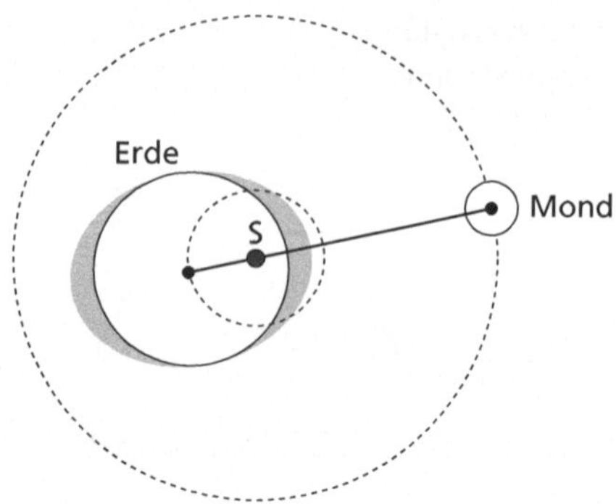

Abb. 3.2 Zwei Flutberge, erzeugt durch die Rotation von Erde/Mond um den gemeinsamen Schwerpunkt

er tut es immer, egal, wie er beleuchtet ist. Doch das Wasser – in diesem Fall der Ozean – ist frei beweglich. Deswegen bildet es an der Seite der Erde, die aufgrund der Erddrehung dem Mond zugewandt ist, eine Beule, einen Flutberg. So entstehen die Gezeiten." „Auch das leuchtet mir ein", sagte Eddi und verfiel in nachdenkliches Schweigen.

Es dauerte ein wenig, dann brach es aus ihm heraus: „Wenn das alles stimmt, wieso haben wir dann *zweimal* Flut am Tag? Denn so sind doch die Verhältnisse." Und er zeichnete sie in den Sand (Abb. 3.1).[9]

„Die Erde dreht sich *einmal* pro Tag um sich selbst, also wandert der Flutberg *einmal* um die Erde. Wo kommt der zweite Berg her?" „Hm …", sagte Rudi und kratze sich am Kopf. Dann kam ihm eine Idee. Er drückte Eddi einen dicken Stein in die Hand, um den er ein Seil gebunden hatte (er trug ständig irgendwelche Schnüre um den Bauch, „für physikalische Experimente", wie er sagte). „Schwinge den Stein an dem Strick um dich herum", befahl er und Eddi tat es. Rudi sah genau hin und sagte dann erleichtert: „Du eierst!" „Ich eiere?!?" „Ja. Du schwingst den Stein nicht um dich, denn du bist ja nicht mit einer festen Achse mit der Erde verbunden. Du und der Stein, ihr bildet ein Gesamtsystem, das sich um den gemeinsamen Schwerpunkt dreht. So entsteht in deinem Rücken eine Fliehkraft, ein ‚zweiter Flutberg' sozusagen. Ich binde dir ein Steinchen an einem Faden hinten an den Kragen, und du wirst sehen, wie es bei deiner Drehbewegung absteht."

Gesagt, getan, gesehen. Beide waren so erleichtert, dass sie das Ergebnis sofort in den Sand zeichneten (Abb. 3.2).

---

[9] Rudi macht es sich ein wenig zu einfach: Zwar ist die Anziehungskraft des Mondes von seiner Beleuchtung unabhängig, aber abhängig von seiner Stellung (und damit an der Beleuchtung erkennbar) beeinflusst die Sonne zusätzlich die Gezeitenwirkung. Auch Abb. 3.2 (mit freundlicher Genehmigung von Veit Froer (http://www.ebbe-flut.info/index.html) ist etwas hypothetisch, da sie nur bei stillstehender Erde und Mond so gilt (ohne Fliehkräfte).

„Also …", sagte Rudi, „Das System aus Mond und Erde kreist einmal im Monat um den gemeinsamen Schwerpunkt, der im Inneren der Erde liegt, weil sie etwa 80-mal schwerer ist als unser bleicher Geselle. Durch die Fliehkraft entsteht die zweite Flutwelle an der dem Mond abgewandten Seite."[10]

Willa kam vorbei und fragte nach den Ergebnissen ihrer Überlegungen. „Jetzt brauchst du deine Kräutermischungen nicht mehr nach dem Mond zu richten", fasste Rudi zusammen, „Alles pure Physik. Keine geheimnisvollen Kräfte des Universums." „Jungs", sagte Willa und lächelte hexenhaft, „Ihr habt wirklich *nichts* begriffen! Der Begriff ‚Verkaufspsychologie' sagt euch wohl nichts – na ja, kein Wunder bei zwei Höhlenmenschen!"

Eine Kleinigkeit zur Ergänzung Ihres „Mondwissens" am Rande: Der Mond dreht der Erde mehr oder weniger immer dieselbe Seite zu, dreht sich also während seiner einen Monat dauernden Umlaufbahn um die Erde einmal um sich selbst.[11] Das ist kein Zufall, wie man meinen könnte, sondern ein physikalischer Synchronisationseffekt. Wie die Mondrückseite aussieht, das wissen wir erst seit 1959 durch eine russischen Mondsonde.

Aber warum sollte man den Menschen ihren tröstenden, sinnstiftenden und manchmal sogar heilenden (Aber-)Glauben nehmen? Nur weil Scharlatane Geld damit verdienen? Immerhin sollen Kunden bis zu 30 % Aufschlag für echtes „Mondholz" zahlen – Holz von Bäumen, die unter spezieller Berücksichtigung des Mondkalenders gepflegt und gefällt wurden. Das ist zwar in wissenschaftlichen Experimenten nicht zu belegen, aber ein erfolgreiches Marketingkonzept.[12]

Der Mond ist nicht nur schön, er ist für uns ein Segen – ja, eine Notwendigkeit. Immerhin ist er der (relativ zu seinem Planeten, der Erde) schwerste Mond im Sonnensystem. Ohne den Mond würde die Erde sich mehr als doppelt so schnell drehen. Dann gäbe es uns vermutlich nicht. Dann würden gewaltige Stürme auf der Erde toben. Dann würde die Rotationsachse der Erde nicht nur leicht schwanken,

---

[10] Der Drehpunkt ist ca. 4700 km vom Erdmittelpunkt entfernt bei einem Erdradius von ca. 6400 km – das System eiert also ganz beträchtlich! Diese plausible Erklärung hat nur einen kleinen Schönheitsfehler: Sie ist nicht ganz korrekt. Die Dynamik des Systems und die dadurch entstehenden Beschleunigungen wurden außer Acht gelassen. Auch die Sonne mit ihrer Masse spielt mit (ca. 40 % der Gezeitenwirkung des Mondes). Wie so oft ist das Ganze bei genauerer Betrachtung etwas komplizierter als Steinzeitmenschen sich das gedacht haben (könnten). Näheres siehe u. a. bei http://de.wikipedia.org/wiki/Gezeiten.

[11] Er „wackelt" ein wenig – ca. 60 % seiner Fläche sehen wir; ca. 40 % beträgt die von der Erde aus unsichtbare Rückseite.

[12] Weiterer Aberglauben vom Mond und seine Beseitigung: Klaudia Einhorn, Günther Wuchterl: Mondphasen – Studien widerlegen behauptete Mondeinflüsse (http://www.dermond.at/mondphasen.html) (incl. Astrologen-Test).

sondern kippen – auch ziemlich unangenehm für das Klima.[13] Wie gut, dass vor etwa 4,5 Mrd. Jahren ein Asteroid oder Planet von der doppelten Marsmasse mit der Erde zusammengestoßen ist und sie *nicht* zerstört hat. Stattdessen haben sich die Trümmer dieses zufälligen Zusammenstoßes in einem Ring um die Ur-Erde gesammelt und schließlich aufgrund ihrer gegenseitigen Massenanziehung (Newtons Gravitationsgesetz gilt auch für Staubteilchen!) zusammengeklumpt.[14] Allerdings gibt es einen Grund zur Sorge: Der Mond entfernt sich ca. 3,8 cm pro Jahr von uns. Das wissen wir so genau, weil im Juli 1969 von Astronauten der Apollo-11-Mission der erste Laser-Reflektor auf der Mondoberfläche installiert wurde. Die Ursache dafür ist eine Verkettung komplexer physikalischer Vorgänge, die man unter dem Stichwort „Gezeitenreibung" nachlesen kann.

---

[13] Das ist – zugegeben! – ein wenig übertrieben, wie neuere Forschungen zeigen: http://scienceblogs.de/astrodicticum-simplex/2011/12/30/der-einfluss-des-mondes-auf-die-erd-achse/.

[14] Siehe Harald Lesch: „Wie entstand der Mond?", alpha-Centauri 17.6.1999 (http://www.br.de/fernsehen/br-alpha/sendungen/alpha-centauri/alpha-centauri-mond–1999_x100.html).

Wieso fliegt das Universum dennoch auseinander? 4

Unser Sonnensystem ist ja nur ein Stäubchen im Universum. Hinter dem letzten Planeten, Neptun in etwa 4 $^1/_2$ Mrd. km Entfernung von der Sonne, fliegt in einem 3 Mrd. km breiten Ring (dem „Kuipergürtel") Bauschutt aus dem Sonnensystem herum. Unser Sonnensystem seinerseits ist ein kleiner Teil einer Ansammlung von Sternen. Die alten Griechen (schon wieder!) nannten das *galaxías* („Milchstraße"). Sie zieht sich wie ein milchiger Pinselstrich quer über das Firmament. Eine Galaxie ist nichts weiter als ein „Haufen von kosmischen Objekten" (Sternen, Planeten, Staub- und Gaswolken usw.). Es gibt Milliarden (!) davon.

Kommen wir langsam zum Thema: Der amerikanische Astronom Edwin Hubble revolutionierte (wieder einmal!) ein Weltbild, denn er entdeckte 1923, dass es neben unserer Milchstraße noch weitere Galaxien gab. Viele, sehr viele. Und wir dachten bis dahin, das wäre schon alles. Es kam aber noch schlimmer: Fast alle Galaxien zeigen eine Rotverschiebung: Sie entfernen sich von uns. Und zwar bewegen sie sich umso schneller von uns fort, je weiter sie entfernt sind (der „Hubble-Effekt"). Das Universum fliegt auseinander!

4.1 Der Weltraum ist leer

„Da oben ist nichts", sagte Siggi, als die Gespräche mal wieder auf den Weltraum kamen. Rudi bekam große Augen: „Du meinst, der Mond ist nicht da, wenn keiner hinschaut?"[1] Eddi griff ein: „So ein Unsinn! Schließlich stabilisiert er die Erdach-

---

[1] „Der Mond ist nicht da, wenn keiner hinschaut, auch wenn alle, die hinschauen, stets den Mond sehen." Zitat aus Ulf von Rauchhaupt: Bernard d'Espagnat. Die Realität ist nicht in den Dingen. FAZ 2.3.2008, S. 69 (http://www.faz.net/aktuell/wissen/physik-chemie/bernard-d-espagnat-die-realitaet-ist-nicht-in-den-dingen-1924250.html). Siehe auch http://www.spektrum.de/alias/auszeichnung-fuer-spektrum-autor/wo-ist-der-Mond-wenn-keiner-

© Springer Fachmedien Wiesbaden 2016
J. Beetz, *Kosmologie für Höhlenmenschen und andere Anfänger,* essentials,
DOI 10.1007/978-3-658-11123-6_4

se, lange bevor wir Egozentriker aufgetaucht sind. Das meint Siggi nicht, denn der Mond, die Planeten und die Sterne sind *da* – ob wir Menschen hinschauen oder nicht. Aber *dazwischen* … dazwischen ist nichts – oder siehst du was?!" Willa mischte sich ein und hatte offensichtlich ihren philosophischen Tag: „Was ihr seht, muss da sein. Aber was ihr nicht seht, muss nicht *nicht* da sein!" Eddi war froh, ihr zustimmen zu können: „Das ist pure Logik. Es *könnte* etwas da sein, aber wir sehen es nicht." Und Siggi hatte wieder eine Weisheit aus der Zukunft: „Wobei ‚sehen' bei den Astrophysikern sehr weitherzig ausgelegt wird: nicht nur das sichtbare Licht, sondern jede Art von elektromagnetischer Strahlung …" „Ach ja, ich erinnere mich", sagte Rudi, „Infrarot, Radiowellen, Röntgen- und Gammastrahlung, das ganze Zeugs. Und was ‚sehen' die Leute da, wo wir nur Dunkelheit erkennen?" Siggi wusste es aus der Zukunft: „Gas- und Staubwolken zum Beispiel, jede Menge Materie, die kein Licht aussendet. Aber ansonsten … wie ich schon sagte: Nichts, gar nichts! Löcher." Rudi fragte unschuldig: „Und was ist da *drin*?" Siggi wusste es: „Die absolute Leere."[2] Die Höhlenmenschen staunten.

Und wir mit ihnen. Der Weltraum ist ziemlich leer – aber nicht ganz, denn er ist an einigen Stellen mit interstellarem Gas gefüllt. Hauptsächlich Wasserstoff, mit unterschiedlicher Dichte und unterschiedlicher Temperatur. In der Milchstraße sind es im Durchschnitt etwa 90 % Wasserstoff, 9 % Helium und etwa 1 % Staub. Wobei „Staub" auch komplexe organische Moleküle sein können, Vorstufen des Lebens.[3] In 1 cm³ Luft auf der Erde sind im Durchschnitt etwa 10^{20} Teilchen, in 1 cm³ Milchstraße ist 1 Teilchen, in 1 cm³ Universum ist … nichts! Kein einziges Teilchen. Erst in 1 m³ (1 Mio. cm³) Universum ist 1 Teilchen. Im Durchschnitt. Und das erhebt natürlich die Frage nach der Natur des „Nichts". Ein Teilchen pro Kubikmeter ist ja schon fast nichts.[4]

---

hinschaut/1004041. Original-Artikel Bernard d'Espagnat: „Quantentheorie und Realität" in http://www.spektrum.de/alias/pdf/quantentheorie-und-realitaet/985714.

[2] Die „*Voids*" (engl. für Lücke, Leerraum), riesige Leerräume zwischen den größeren Strukturen des Universums. Quelle: http://de.wikipedia.org/wiki/Void_(Astronomie). Siehe Harald Lesch: „Gibt es Löcher im Weltraum?", alpha-Centauri 9.6.2004 http://www.br.de/fernsehen/br-alpha/sendungen/alpha-centauri/alpha-centauri-loecher-harald-lesch100.html.

[3] Z. B. sog. „polyzyklische aromatische Kohlenwasserstoffe" in der Staubwolke W 5 „Berg der Schöpfung" im Sternbild *Cassiopeia* (7000 Lichtjahre entfernt). Quelle: „Mysteriöses Universum" bild der wissenschaft 11/2009, S. 33.

[4] Quelle der Zahlen und weitere Informationen in Harald Lesch: Leschs Kosmos – Der Horror vor dem Nichts (http://www.youtube.com/watch?v=4bbn-6qm2lc). Der gesamte „Leschs Kosmos": http://www.youtube.com/watch?v=B_XeCwxSGx4&list=PL2280F8B1F76BE9B4. „In 1 cm³ Universum ist kein einziges Teilchen" ist allerdings nur für Atome richtig. Es gibt aber ca. 400 Photonen und 500 Neutrinos in jedem cm³ leerem All, sowie virtuelle Teilchen. Es gibt nirgendwo ein wirklich *leeres* Vakuum.

Die Dichte im All reicht von 10^{-6} Atomen pro cm^3 bis 10^5 Atomen pro cm^3, und die Temperaturen bewegen sich zwischen $-250\,°C$ und mehreren Millionen Grad. Nun sind 10^{-6} Atome pro cm^3 ja schon ziemlich wenig, aber in den „Löchern", die bis zu 100 Mio. Lichtjahre groß sein können, ist noch weniger Materie. Wohlgemerkt: nicht zwischen den Sternen, sondern zwischen den Galaxienhaufen (auf die wir gleich kommen werden). Das Universum hat eine Art „Blasenstruktur": Galaxienhaufen und dazwischen … nichts. Die Galaxienhaufen bilden so eine Art Faden- oder Wabenstruktur („Filamente" genannt) in der Leere, was zuerst etwas merkwürdig erscheint, denn so ein Haufen kann eine Größe von 10 bis 20 Mio. Lichtjahren haben. Aber was ist das schon?! Ein Tausendstel der Größe des Universums!

Das gibt uns aber nun zu denken – so *leer* soll das Universum sein?! Vielleicht existiert da doch noch etwas, an das wir bisher gar nicht gedacht haben?! Siggi Spökenkieker könnte hier seinem Namen alle Ehre machen und von einer „völlig neuen Art von Materie" erzählen … Sie können also noch gespannt sein. Doch bleiben wir zunächst noch bei der bekannten Materie. Sie kann so dünn gesät sein, wie gerade beschrieben, aber sie kann auch extrem dichte Klumpen bilden. Unser innerer fester Erdkern aus einer Eisen-Nickel-Legierung, der ab einer Tiefe von ca. 5100 km beginnt (bei einem Erdradius von 6370 km), hat eine Dichte von 13 g/cm^3. Deswegen ist er fest (und nicht flüssig wie der äußere Erdkern), weil eben dieser Druck auf ihm lastet, hervorgerufen durch … die Gravitation, was sonst?

Bevor Sie das unheimlich beeindruckt, schauen wir uns etwas dichtere Brocken an, auf die wir später genauer eingehen werden: „normale" Sterne wie die Sonne. Ihre Dichte im Kern beträgt über das Zehnfache des Erdkerns, ca. 150 g/cm^3. Das Material ist keine auf der Erde übliche Materie mehr, sondern Plasma. Zusammen gehalten durch die eigene Masse, durch … die Gravitation. Geht's noch dichter? Na klar, ein normaler Stern ist ja noch gar nichts! Es gibt Neutronensterne, die – wie der Name verrät – nur aus Neutronen bestehen. Sie haben typischerweise einen Durchmesser von etwa 20 km und eine Masse von etwa 144 bis 3 Sonnenmassen. Deswegen sind sie ganz schön dicht: etwa 10^{14} g/cm^3 bis zu $2{,}5 \cdot 10^{15}$ g/cm^3. Dagegen ist ein Stern wie die Sonne ein luftiges Gebilde. Es sind Sterne, die aufgrund ihrer Masse kollabiert sind, weil der Gegendruck durch die Kernfusion wegfällt – alles Material ist verbraucht. Was presst sie so zusammen? Klar … die Gravitation. Nun reicht es aber, oder?

4.2 Ich sehe was, was du nicht siehst

Da passt ein Berliner Spruch: „Wie Sie sehen, sehen Sie nichts. Warum Sie nichts sehen, sehen Sie gleich." Die Rede ist vom „Schwarzen Loch". Kurt Tucholsky schreibt: „Ein Loch ist da, wo etwas nicht ist."[5] Nun werden Sie sagen: „Ein Loch ist immer schwarz" – aber lassen wir die Scherze. Ein Schwarzes Loch ist eine ernste Angelegenheit, aber relativ einfach zu erklären. Wenn ein Stern mit maximal 3 Sonnenmassen (mehr oder weniger, so genau weiß man das nicht) kollabiert, entsteht ein Neutronenstern. War er vorher massereicher, dann ist die Gravitation noch größer und das Ergebnis noch dichter und … schwarz. Ein „Schwarzes Loch". Denn warum ist es schwarz? Weil aus ihm selbst kein Licht heraus kommt (es leuchtet nicht selbst wie ein Stern) und weil es kein Licht reflektiert (wie der „leuchtende" Planet Venus), sondern es verschluckt. Nicht einmal die energiereiche und superschnelle elektromagnetische Strahlung kann dem Sog der Gravitation entkommen.

Nun fragt der Physiker weiter: Wieso kann aus ihm kein Licht „entkommen"? Schon 1786 vermutete ein britischer Physiker, dass das Licht aufgrund seiner Teilchennatur der Gravitation unterliegen müsse. Diese Idee griff Pierre Simon Laplace im Jahr 1796 auf. Richtig „in den Griff" bekam man es aber erst mit Einsteins Relativitätstheorie (auf die wir an dieser Stelle verzichten müssen). Aus ihr ergibt sich, dass auch Licht der Gravitation unterliegt, also von Massen abgelenkt wird. Bei einer Rakete, die von der Erde in den Himmel geschossen wird, gibt es zwei Möglichkeiten: Entweder sie fällt aufgrund der Schwerkraft wieder auf die Erde zurück oder sie erreicht die „Fluchtgeschwindigkeit" und entkommt dem Schwerefeld der Erde. Ist also die Fluchtgeschwindigkeit des Schwarzen Lochs größer als die Lichtgeschwindigkeit, dann haben die Lichtteilchen keine Chance zu entkommen. Zwar wird das Licht nicht „abgebremst" wie der Flug einer Rakete (denn c ist eine nicht veränderbare Konstante), aber es entkommt dem Schwarzen Loch so wenig wie jede andere Art von elektromagnetischer Strahlung.

Schwarze Löcher gibt es in verschiedenen Größen, supermassereiche mit bis zu 10 Mrd. Sonnenmassen (!) bis hin zu kleineren mit nur etwa 10 Sonnenmassen (von evtl. künstlich hergestellten „Mikro-Löchern" ganz zu schweigen). Ihr bevorzugter Lebensraum sind Zentren von Galaxien, wo sie durch ihre Gravitation den ganzen Haufen Material zusammenhalten. Daraus können Sie messerscharf schließen, dass Galaxien sich drehen müssen (Fliehkraft!), sonst würde ja alles zu einem Klumpen zusammenstürzen. Im Zentrum unserer Milchstraße sitzt z. B. ein super-

---

[5] Kurt Tucholsky (alias Kaspar Hauser): Zur soziologischen Psychologie der Löcher. Die Weltbühne, 17.03.1931, Nr. 11, S. 389. Quelle: http://www.textlog.de/tucholsky-psychologie-1931.html.

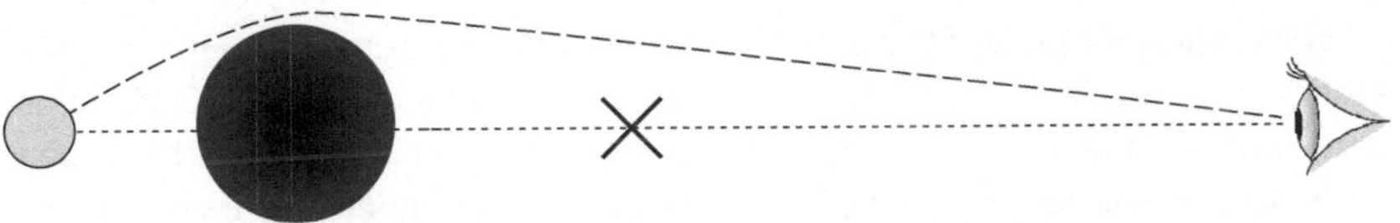

Abb. 4.1 Die „Gravitationslinse" zeigt verdeckte Objekte

massereiches Schwarzes Loch namens „Sagittarius A* (Sagittarius A Stern)" mit ca. 4 Mio. Sonnenmassen. „Sgr A*" wird seit 1992 von Astronomen untersucht. Im Jahr 2002 konnten sie einen Stern mit immerhin 15 Sonnenmassen beobachten, der sich dem Loch bis auf ca. 18 Mrd. km genähert hatte. Plötzlich machte er kehrt und schwenkte in eine Umlaufbahn um „Sgr A*" ein in dem verzweifelten (und bisher erfolgreichen) Versuch, dem Sturz in das Schwarze Loch zu entgehen. Seine Umlaufgeschwindigkeit ist deswegen mit bis zu 5000 km/s sehr hoch.[6]

Die Beeinflussung des Lichtes durch Gravitation führt zu einem für Astronomen erfreulichen Effekt: der „Gravitationslinse". Sie sehen einen Stern hinter einem anderen Stern und auch hinter einem Schwarzen Loch, wie Sie sofort in Abb. 4.1 erkennen.[7] Er hat keine Chance, sich zu verstecken.

Die geradlinige Bahn des Lichtes wird durch die enorme Gravitation gekrümmt und erreicht das forschende Auge. Dies wurde zum ersten Mal am 29. Mai 1919 bei einer totalen Sonnenfinsternis in Südamerika als Verzerrung der Position von Sternen nahe am Sonnenrand bestätigt. Ein Stern *hinter* der Sonne wurde sichtbar – das ging damals durch alle Zeitungen und machte Einstein mit einem Schlag weltweit berühmt. Das war der erste experimentelle Beweis seiner Relativitätstheorie, die genau diesen Effekt der Krümmung der Bahn des Lichtes vorausgesagt hatte.

4.3   Das Universum expandiert

Kommen wir zurück zu Edwin Hubble und seinen Erkenntnissen. Sie warfen die bisherigen Überlegungen und damit die Vorstellung von der Natur des Universums über den Haufen. Man dachte nämlich, es sei statisch – einfach *da* und von einer

---

[6] Quelle: https://de.wikipedia.org/wiki/Sagittarius_A*.

[7] Näheres z. B. in Bernhard Scherl: Gravitationslinsen. Vortrag Friedrich-Alexander-Universität Erlangen-Nürnberg 20.06.2011 (http://pulsar.sternwarte.uni-erlangen.de/wilms/teach/astrosem_ss11/scherl.pdf), Dirk Eidemüller: Leerer Raum als Vergrößerungslinse. 17.01.2013 Physik-Portal „Pro Physik" (http://www.pro-physik.de/details/news/4257411/Leerer_Raum_als_Vergroesserungslinse.html) oder U. Heidelberg: Älteste Galaxie unter einer Lupe aus Dunkler Materie. 20.09.2012 Physik-Portal „Pro Physik" (http://www.pro-physik.de/details/news/2659381/Aelteste_Galaxie_unter_einer_Lupe_aus_Dunkler_Materie.html).

unveränderlichen Größe. Dumm nur, dass dies dem Newton'schen Gravitationsgesetz widersprach: Die Gravitation hätte eine zusammenziehende Kraft gefordert, das Universum hätte also nicht statisch sein können. Später, um 1927, kam der belgische Priester und Astrophysiker Georges Lemaître auf die Idee, dass das Universum aus einem explodierenden „Uratom" entstanden sei. Doch erst Edwin Hubble konnte zwei Jahre später nachweisen, dass sich das Universum tatsächlich ausdehnt: die „Rotverschiebung", der „Hubble-Effekt", wie schon erwähnt. Wie schon andere Astronomen vor ihm stellte er fest, dass fast alle Galaxien (bis auf den Andromedanebel) eine Rotverschiebung aufweisen. In einem Diagramm wurde die Fluchtgeschwindigkeit (also die Rotverschiebung) im Verhältnis zur Entfernung der Galaxie dargestellt. Das überraschende Ergebnis war: Je weiter eine Galaxie entfernt ist, umso schneller bewegt sie sich von uns fort. Dieses Phänomen heißt Hubble-Effekt.[8] Er maß 1929 im *Mount-Wilson*-Observatorium in Kalifornien zuerst 46 Galaxien in unserer „näheren" Umgebung und entdeckte einen linearen Zusammenhang zwischen ihrer Geschwindigkeit und ihrer Entfernung. Eine Sensation! Das Universum dehnt sich aus.[9] Der Raum *selbst*, wohlgemerkt – nicht die Galaxien in einen „vorhandenen Raum" hinein.

Wenn wir nun schon beim Korrigieren wissenschaftlicher Erkenntnisse sind, dann machen wir doch gleich weiter! Es tauchten nämlich noch weitere Ungereimtheiten auf.

4.4   Dunkle Kräfte lassen ganze Galaxien rotieren

Die Galaxien, diese niedlichen kleinen Haufen von Sternen und anderer Materie mit Hunderten von Milliarden Sternen und Durchmessern von Hunderttausenden von Lichtjahren, sie machten den Astrophysikern zu schaffen. Diese Sternenhaufen drehen sich. Um was? Eigentlich ist der Schwerpunkt nur für starre Körper definiert, deshalb spricht man bei einem Sternenhaufen von einem Massenmittelpunkt. Da in ihrer Mitte oft ein dickes Schwarzes Loch sitzt, fungiert dieses oft als Drehpunkt. Viele sind Spiralgalaxien mit einem Kern und davon ausgehenden Spiralarmen, die mehr oder weniger in einer flachen Scheibenebene liegen. Unsere Milchstraße ist eine und unser galaktischer Nachbar, die Andromeda-Galaxie, ebenfalls. Offensichtlich drehen sie sich innen schneller als außen. Denn es sind

---

[8] Diese und einige folgende Sätze wörtlich mit freundlicher Genehmigung von Anke Kügler, Tanja Schlemm, Irma Slowik: Projektarbeit „Die Expansion des Universums und die Hubblekonstante" (http://www.thur.de/philo/tanja/expansion/).

[9] Ausführlich (mit Hubbles Diagrammen) dargestellt (engl.) in *Ned Wright's Cosmology Tutorial* (http://www.astro.ucla.edu/~wright/cosmo_01.htm).

ja keine festen Gebilde, die Materie ist ja nicht miteinander verbunden wie die Arme einer Schlittschuhläuferin bei einer Pirouette, die an der Schulter, am Ellenbogen und an den Fingerspitzen dieselbe Winkelgeschwindigkeit haben müssen. Die Spiralarme werden ja nur durch die mit dem Abstand abnehmende Wirkung der Gravitation mitgeschleppt.

Aber *warum* drehen sie sich überhaupt? Die erste Antwort klingt wie ein Kalauer: weil sie sich „schon immer" gedreht haben. Ein einmal gewonnener Drehimpuls bleibt erhalten. Das führt sofort zur zweiten Frage: Wo kam *er* her? Die einzig wirksame Kraft in Galaxien ist ja die Gravitation, die das Zeug einfach nur zusammenzieht, wodurch ihre Bestandteile in lineare Bewegung geraten. Galaxien in ihrem Frühstadium haben sich noch nicht gedreht. Nun tritt aber ein physikalisches Phänomen auf, das auf Gezeitenkräften beruht (wie die maritimen Gezeiten, die durch den Mond auf der Erde entstehen). Man kann es mit einer einfachen Analogie erklären: Stellen Sie sich vor, ein Eisstock gleitet entlang einer Bahn, wo die Eisfläche auf der linken Seite ein bisschen glatter ist als auf der rechten Seite. Der Stein wird durch diesen Unterschied in der Reibungskraft im Uhrzeigersinn in Drehung versetzt werden. Da ja nicht alle Bestandteile einer Galaxie gleich schwer und gleich weit voneinander entfernt sind, fliegen sie auch nicht geradlinig auf den Massenmittelpunkt zu. Es müssen auf ihrem Weg gegenseitige Anziehungskräfte wirksam werden, also unregelmäßige Querkräfte, die schließlich in ihrer Summe zu einem Drehimpuls führen.[10] Und ist er erst mal da, wird man ihn nicht wieder los.

Aber irgendetwas stimmte mal wieder *gar* nicht: Die Astronomen stellten schon ab 1933 fest, dass Messungen und Berechnungen nicht zueinander passten. Viele Galaxien rotieren so schnell, dass die Sterne in ihnen eigentlich aufgrund der Fliehkraft auseinandergetrieben werden müssten. Das dritte Kepler'sche Gesetz schien verletzt zu sein. Aber müssen die physikalischen Gesetze denn wirklich überall gelten? Das könnte man fragen, wenn nicht Gravitationslinsen den zweiten Hinweis gegeben hätten. Gravitationslinsen, die nicht aus Einzelsternen, sondern aus ganzen Galaxien bestehen, lenkten das Licht viel stärker ab, als es aufgrund ihrer berechneten Masse zu erwarten gewesen wäre. Außerdem halten große Galaxien riesige Gaswolken um sich herum fest, was sie aufgrund ihrer „normalen" Masse gar nicht könnten. Schließlich ist auch der Zusammenhalt von Galaxien*haufen* mit „normaler" Gravitation nicht zu erklären. Da muss also noch mehr Masse sein, sonst stimmen die elementarsten Naturgesetze nicht. Sie muss der enormen Flieh-

---

[10] Quelle: Bjoern Malte Schaefer, Universität Heidelberg, 9.7.2012: *Why do galaxies rotate?* (http://trenchesofdiscovery.blogspot.com.es/2012/07/why-do-galaxies-rotate.html).   Siehe auch Infos auf Max-Planck-Institut für Astrophysik *Galaxy Formation Group*, München (http://www.mpa-garching.mpg.de/galform/index.shtml).

kraft, die durch die viel zu schnell rotierenden Spiralarme der Galaxien entsteht, entgegenwirken. Aber wir „sehen" nichts – es muss „dunkle" Materie sein.

„Dunkle Materie" heißt so, weil man sie nicht sieht. Sie „leuchtet" nicht. Kein Infrarot, keine Radiowellen, keine Gammastrahlung – nichts. Sie absorbiert auch keine Strahlung – es gibt einfach keine Wechselwirkung mit ihr. „Normale" Materie hat eine Wechselwirkung mit Strahlung, denn sie emittiert oder absorbiert sie. Es gibt nur ein einziges (allerdings im Wortsinne sehr gewichtiges) Anzeichen für ihre „dunkle" Existenz: die Schwerkraft. Dunkle Materie zieht normale Materie an, sie hat eine Gravitationswirkung.[11] Ihr Vorhandensein gilt inzwischen als gesichert, man kann sie sogar quantifizieren: Das Esa-Weltraumteleskop „Planck" hat nachgemessen. Es ergab sich, dass gewöhnliche Materie: 4,9 % des Universums ausmacht, Dunkle Materie dagegen 26,8 % – mehr als das Fünffache.[12]

Nun protestieren Sie sofort, denn Sie haben ja mitgerechnet: zusammen 31,7 %. Wo sind die restlichen 68,3 %?! Haben wir *immer* noch nicht alle Geheimnisse des Universums geklärt? Nein, beileibe nicht, im Gegenteil. Denn Universum ist ja nicht gleich Universum. Es hat eine Geschichte, es verändert sich. Es fliegt auseinander, wie Hubble und andere festgestellt haben. Nun wurden genauere Messungen durchgeführt, um die Geschwindigkeit der Expansion und ihre Veränderung über die Lebenszeit des Universums zu bestimmen. Traditionelle Modelle besagten, dass die Expansion aufgrund der Materie und der durch sie wirkenden Gravitationsanziehung *verlangsamt* wird. Doch es fliegt immer *schneller* auseinander, denn 6 oder 8 Mrd. Lichtjahre entfernte Sternexplosionen (die also vor 6 oder 8 Mrd. Jahren stattgefunden haben) zeigen, dass der Kosmos damals langsamer expandierte als heute.

Ein Astrophysiker hat das anschaulich beschrieben: „Wenn man in der Zeit weiter zurückgeht, also immer tiefer ins All guckt, dann ist die Materie sehr viel dichter gepackt als heute. Damals dominierte die Materie mit ihrer Anziehungskraft – das Universum dehnte sich zwar aus, wurde aber langsamer. Irgendwann war im sich ausdehnenden Weltall die Materie so dünn verteilt, dass ihre Anziehung kleiner war als die abstoßende Kraft der Vakuumenergie. Seitdem beschleunigt das Universum. Das Universum hat sozusagen irgendwann umgeschaltet – von

---

[11] Quelle u. a.: https://de.wikipedia.org/wiki/Dunkle_Materie#Beobachtungsgeschichte mit schöner Animation der theoretischen und beobachteten Rotation einer Spiralgalaxie.

[12] Christoph Seidler: Urknall – Esa-Teleskop zeigt die Geschichte des Universums. SPIEGEL-online vom 21.03.2013

(http://www.spiegel.de/wissenschaft/weltall/esa-weltraumteleskop-planck-mit-neuen-erkenntnissen-zum-urknall-a-890116.html).

Abbremsen auf Beschleunigen!"[13] Das Universum expandiert beschleunigt. Woher kommt diese Energie? Wir wissen es nicht, wir kennen sie nicht. Es ist „Dunkle Energie". Ihre Existenz ist experimentell nicht nachgewiesen. Aber wir haben berechnet, wie viel der Gesamtenergie des Universums es ist: 68,3 %, die uns oben gefehlt haben.[14] Die Anwesenheit der Dunklen Energie bewirkt eine Beschleunigung über die Zeit: Dunkle Energie dominiert die Dynamik des Universums – und das bedeutet, dass die Hubble- Konstante mit der Zeit zunimmt.

---

[13] Zitat wörtlich und einige Sätze davor abgewandelt aus „Welt der Physik": Mysteriöse Kraft im All – Dunkle Energie (http://www.weltderphysik.de/gebiet/astro/dunkle-materie-und-dunkle-energie/dunkle-energie/). Zum Thema siehe auch Harald Lesch: „Was ist Dunkle Energie?" alpha-Centauri 17.02.2002 (http://www.br.de/fernsehen/br-alpha/sendungen/alpha-centauri/alpha-centauri-dunkle-energie-2002_x100.html). Anm.: „Vakuumenergie" = „Dunkle Energie".

[14] Bei den Prozentangaben handelt es sich um den Anteil an der Gesamtmasse oder – im Fall der Dunklen Energie – Gesamtenergie im Universum. Energie und Masse sind ja über $E = mc^2$ miteinander verbunden (wie wir noch sehen werden). Man kennt die Gesamtenergie und die Verhältnisse aus einem Zusammenspiel von Beobachtungen mit theoretischen Modellrechnungen. Das ist ein langer, andauernder Prozess aus Beobachtungen, die man mit vorhandenen Modellen in Einklang zu bringen versucht und anhand dessen man dann die Modelle weiterentwickelt. Quelle: Joachim Schulz, www.quantenwelt.de und www.relativitaetsprinzip.info, als persönliche Mitteilung an den Autor. Zu Dunkler Materie und Dunkler Materie siehe auch Harald Lesch: „Was ist Dunkle Energie?" alpha-Centauri 17.02.2002 (http://www.br.de/fernsehen/br-alpha/sendungen/alpha-centauri/alpha-centauri-dunkle-energie-2002_x100.html) und *University of California Television* (UCTV): *New Light on Dark Energy* (http://www.youtube.com/watch?v=9ddgV5dGfwk).

Wo kam das Universum überhaupt her?

5

Jetzt sind wir schon mit einem Bein in der Philosophie – bei der Frage der Kausalität. Wodurch und warum und woraus entstand es? Was war „vorher" und was ist „außerhalb"? Oder, wie es ein Buchtitel so schön formuliert: „Wenn das Universum die Antwort ist, was ist die Frage?"[1] Dass das Universum im „Urknall" geboren wurde, hat sich inzwischen herumgesprochen und gehört zum allgemein akzeptierten „Standardmodell der Kosmologie". Der Theologe und Physiker Georges Lemaître hatte ja schon 1931 für den Anfangszustand des Universums den Begriff „Uratom" oder „kosmisches Ei" verwendet und die Anfänge der Theorie begründet. Es lohnt sich, einen genaueren Blick darauf zu werfen – wobei es schwer sein wird, bei diesem faszinierenden Thema eine Grenze zu finden.[2]

5.1 Ein Stern wird geboren

Aber wo kommen die Sterne überhaupt her? „Geboren" suggeriert ja (fälschlicherweise) ein „vorher", vielleicht sogar „Eltern".[3] Nun, das Universum war und ist voll von interstellaren Gaswolken, meist Wasserstoff (H oder das Molekül H_2) oder Helium (He) – aber auch komplexere Moleküle bis hin zu Aminosäuren („organische" Verbindungen mit mindestens einer „Carboxygruppe" –COOH und

---

[1] Leon Lederman, Dick Teresi: *The God Particle: If the Universe Is the Answer, What Is the Question?* Mariner Books, Boston MA, Reprint 2006.

[2] Sehr ausführlich in Rüdiger Vaas: Der Urknall wann? wo? wie? warum? bild der wissenschaft 11/2009, S. 42 (http://www.bild-der-wissenschaft.de/bdw/bdwlive/heftarchiv/index2.php?object_id=32051585) und bei Harald Lesch: Physikalisches Kolloquium 22. Juli 2011 in http://www.youtube.com/watch?v=u29—YNGMyg.

[3] Siehe Harald Lesch: Leschs Kosmos: Die Geburt eines Sterns – und wer sind die Eltern? http://www.youtube.com/watch?v=7JRTMVmprZU.

© Springer Fachmedien Wiesbaden 2016

J. Beetz, *Kosmologie für Höhlenmenschen und andere Anfänger,* essentials, DOI 10.1007/978-3-658-11123-6_5

einer „Aminogruppe" $-NH_2$). Dazu kommen Staubpartikel, winzige feste Materieteilchen. So bewegte sich vor etwa 4,6 Mrd. Jahren an Stelle unseres Sonnensystems eine ausgedehnte Molekülwolke um ein gemeinsames Zentrum innerhalb des Milchstraßensystems. Die Wolke bestand zu über 99 % aus den Gasen Wasserstoff und Helium sowie einem geringen Anteil aus nur mikrometergroßen Staubteilchen, die sich aus schwereren Elementen und Verbindungen (wie Wasser, Kohlenmonoxid, Kohlendioxid, anderen Kohlenstoffverbindungen, Ammoniak und Siliziumverbindungen) zusammensetzten.

Die Teilchen haben natürlich nicht einen gleichmäßigen Abstand zueinander, und außerdem zappeln sie noch ein wenig herum (die Physiker nennen das bekanntlich „Temperatur"). So kommen sich zwei ein wenig näher, und sie ziehen sich an – nach dem Prinzip der Gravitation. Und irgendwann finden sie zueinander und bildeten einen „Klumpen" von zwei Atomen (natürlich ohne sich gleich zu einem Molekül zu verbinden – es nimmt einfach nur die mittlere Dichte in einem Raumgebiet zu). Der hat nun schon die doppelte Anziehungskraft. Das ist wie bei zwei Jungvögeln im Nest: Der eine bekommt zufällig ein wenig mehr Futter, wird ein kleines bisschen stärker, und ergatterte dadurch am nächsten Tag wieder etwas mehr Futter. Er wird dick und fett, und sein Bruder kann sehen, wo er bleibt. Nun wiederholt sich der Vorgang: Der Wasserstoff-Klumpen zieht weitere Atome an und – zack! – hat sich eine riesige Gaswolke zu einem Gasklumpen verdichtet. Das „zack!" sind allerdings einige 100.000 Jahre oder gar Millionen. Und vermutlich spielt die dunkle Materie bei der Bildung von Sternen auch noch eine entscheidende Rolle. Aber da wir ihre Natur nicht kennen, ist das nur ein Gedanke …

Um zum Stern zu werden, muss der Gasklumpen noch stärker komprimiert werden. Das ist ein komplexer Prozess, denn das kann nur geschehen, wenn die Wolke nicht zu heiß ist (sonst ist der Druck zu hoch). Denn „Vater und Mutter" eines Sterns sind Druck und Schwerkraft. Sie spielen zusammen, sozusagen. Ab einer bestimmten Masse und Größe der Wolke „fällt sie unter ihrem eigenen Gewicht" zusammen. Zum Beispiel bestehen große Molekülwolken aus etwa 10^4 bis 10^7 Sonnenmassen mit einer Ausdehnung von 160 bis ca. 1000 Lichtjahren.

Da die Wolken durch Strahlung (sonst würden wir sie nicht „sehen") Wärmeenergie und damit Druck verlieren, zieht die Schwerkraft die Gas- und Staubteilchen zusammen. Sie stoßen dadurch immer häufiger zusammen (in der ursprünglichen Wolke hatten sie nur eine Dichte von ca. 1 Molekül je cm^3) und geben dadurch noch mehr Energie als Strahlung ab. Dadurch wird das Material noch kälter und die Wirkung der Gravitation noch stärker: ein sich selbst verstärkender Rückkopplungsprozess. Die Wolke zieht sich so weit zusammen (aber natürlich nicht gleichmäßig), dass einzelne „Klumpen" entstehen, die sich – da die Klumpen natürlich eine noch größere gravitative Anziehung besitzen – noch weiter verdichten. Dann kommt ein Augenblick wie im Dieselmotor: Das Teilchengemisch „zündet". Die Quantenmechanik schlägt zu und die Atomkerne (meist Wasserstoffkerne, also einzelne Protonen) verschmelzen miteinander durch Kernfusion.[4] Denn nun besiegt ja die Starke Kernkraft die elektrische Abstoßung der beiden positiven Ladungen. Wieder wird Energie freigesetzt, besiegt den Druckabfall und damit die Abkühlung. Druck (Kraft nach außen) und Gravitation (Kraft nach innen) sind nun im Gleichgewicht – und eine „neugeborene" Sonne leuchtet am Himmel.

Natürlich ist dieser Vorgang etwas komplizierter, z. B. durch Drehimpulse, die schon in der Wolke vorhanden waren oder bei der ungleichmäßigen Zusammenziehung entstehen. Wenn sich die Gaswolke aber dreht und sich dabei zusammenzieht, dann dreht sie sich immer schneller (Drehimpuls-Erhaltung!). Dann drängt die Fliehkraft sie aber wieder auseinander und es entsteht auch hier ein Gleichgewicht – wie bei den rotierenden Galaxien.

5.2   Ein Stern stirbt auch wieder – und das ist nicht traurig

Aber wie im menschlichen Leben sind Geburt und Tod nahe beieinander. Sterne (auch unsere Sonne) können und werden sterben. Im Jahre 1054 tauchte ein neuer heller Stern am Himmel auf, wie chinesische Astronomen berichteten. Er war sogar tagsüber sichtbar – doch dann verschwand er wieder. Heute liegt dort der „Krebsnebel" – der Überrest einer „Supernova". Der Name kommt von dem lateinischen Ausdruck „*stella nova*" (neuer Stern), den der dänische Astronom Tycho Brahe (1546–1601) schon im Jahr 1572 prägte. Dabei nimmt die Leuchtkraft des Sterns millionen- bis milliardenfach zu: Er wird für kurze Zeit so hell wie eine ganze Galaxie. Das ist der Sternentod: eine gigantische Explosion. Im Durchschnitt passiert das in einer Galaxie alle hundert Jahre – aber keine Bange: Wir können inzwischen mit unseren leistungsfähigen Teleskopen viele Tausende von Galaxien gleichzeitig beobachten – es gibt Supernovae quasi „auf Bestellung", sodass Supernova-Forscher keinen Mangel leiden. Sie können jederzeit einen Stern beobachten, die gerade explodiert – genauer: der vor so viel Jahren explodiert ist, wie er Lichtjahre entfernt ist. Und das können Millionen oder Milliarden sein. Wir blicken im Universum in die Ferne *und* in die Vergangenheit, wie Sie bereits wissen.

Wie aber kommt es dazu? Sterne stehen am Himmel, erzeugen Energie durch Kernfusion und leuchten still vor sich hin, vom Anfang bis zum Ende aller Tage? Wenn es doch nur so einfach wäre! Aber irgendwann einmal „ist der Ofen aus", im wahrsten Sinn des Wortes. Sterne halten nicht ewig. Woran gehen sie zugrunde?

---

[4] Der Druck ist inzwischen *sehr* hoch und das Gas wurde zu Plasma – aber der Gegendruck gegen die Gravitation bleibt erhalten.

Das Gleichgewicht zwischen dem Druck der Kernfusion und der Gravitation bleibt lange Zeit stabil. Aber irgendwann ist der Wasserstoff verbraucht, die Kernfusion kommt zum Stillstand. Weg ist der Gegendruck. Je mehr Masse der Stern ursprünglich hatte, desto heißer war er und desto schneller ist sein Brennstoff verbraucht.

Was dann passiert, können Sie sich ausmalen: Der Stern fällt durch die Gravitation weiter in sich zusammen. Dadurch wird er aber wieder heißer (denn steigender Druck erhöht die Temperatur) und die Kernfusion zündet wieder. Brennstoff ist diesmal das Helium, das zu schwereren Elementen fusioniert. So entstehen Kohlenstoff, Sauerstoff und schließlich Eisen. Dann aber ist Schluss, denn die Fusionsprozesse erzeugen immer weniger Energie. Der Kern kann keinen nach außen gerichteten Druck mehr aufbauen, der der Gravitation entgegenwirken würde. Es folgt der totale Zusammenbruch, der Kernkollaps. Der Todeskampf dauert etwa einen Monat. In dieser Zeit kann eine Spektralanalyse viele Einzelheiten des Sterns ermitteln – z. B. die chemische Zusammensetzung, den Druck und die Temperatur. Daher wissen wir, dass bei Eisen Schluss ist, denn die Fusion von Eisen zu noch schwereren Elementen *verbraucht* Energie. Der Eisenkern kollabiert, und eine gewaltige Stoßwelle schleudert die Sternhülle weg. Dabei werden alle Elemente im Kosmos verteilt. Wenn sie mal wieder ein Bild aufhängen, dann denken Sie also daran, dass das Eisen Ihres Hammers von einem weit entfernten Stern stammen könnte. Und nicht nur das: Auch Sie selbst mit allen Ihren atomaren Bestandteilen sind „Sternenstaub".[5]

Unsere Sonne stirbt anders, das wissen wir heute schon, obwohl es erst in etwa 5 Mrd. Jahren passieren wird. Sie ist viel zu klein und zu leicht (eine seltsame Aussage bei einer Masse von $2 \cdot 10^{30}$ kg). Sie kollabiert nicht. Der Strahlungsdruck der Kernfusion wird sie zu einem „Roten Riesen" aufblähen. Die äußeren Gasschichten, bestehend aus Sauerstoff, Silizium oder Schwefel, werden abgestoßen, denn die Gravitation kann sie nicht mehr halten. Das ist dann auch das Ende der Erde und aller anderen Planeten.

5.3 Was auseinanderfliegt, muss einmal zusammen gewesen sein

Das Universum expandiert, das wissen Sie seit Kap. 4. Die Galaxien entfernen sich von unserer eigenen Milchstraße und zwar mit einer Fluchtgeschwindigkeit, die proportional mit dem Abstand zunimmt, wie Edwin Hubble 1929 festgestellt

---

[5] Nachzulesen im Klassiker des Nobelpreisträgers Christian de Duve: Aus Staub geboren – Leben als kosmische Zwangsläufigkeit. Spektrum Verlag Heidelberg 1995. Eine ausführliche Darstellung von „Supernovae" u. v. a. von Mario Lehwald auf http://www.andromedagalaxie.de/html/sterne_supernova.htm.

hat. Wenn das Universum heute so leer und groß ist und expandiert, dann muss es „früher" kleiner und dichter gewesen sein. Und noch früher noch kleiner und dichter und damit … heißer. Es war unglaublich klein (10^{-35} m), unglaublich heiß (10^{32} Grad) und unglaublich homogen. Extrapoliert man also die Fluchtbewegung zurück in die Vergangenheit, so scheint alle Materie am Anfang des Universums in einem Punkt konzentriert gewesen zu sein. Dieser Befund führte zur Formulierung der Urknalltheorie.[6]

Jetzt kommt das logische Problem der Kausalität: Was war die Ursache des Universums? Die gesamte Physik ist ja das (quantitative und qualitative) Zusammenspiel von Ursache und Wirkung, und nicht nur sie. Die Wissenschaft als Ganzes ist „kausalitätssüchtig". Aber wir können die „Seifenblase" des Universums nicht „von außen" betrachten. Wir wissen weder, was seine Entstehung verursacht hat, noch was „vorher" war. Alle diese logischen Zusammenhänge aus unserer „Mesowelt" werden in der „Makrowelt" genauso erschüttert wie in der „Mikrowelt" der Quantenphysik.[7] Daher sagt die Theorie, dass beim Urknall auch *Zeit und Raum* entstanden sind – es gibt beim Universum kein „vorher" und kein „außerhalb". Der Raum *selbst* dehnte sich aus, wie schon erwähnt, und nicht „das Universum" in einen bestehenden leeren Raum hinein. Schwer vorstellbar. Die beobachteten Rotverschiebungen der fernen Galaxien werden daher auch nicht direkt durch den Dopplereffekt eines sich entfernenden Objektes erklärt. Vielmehr wird im expandierenden Universum der Raum an sich gedehnt und damit auch die Wellenlängen der elektromagnetischen Strahlung. Galaxien oder Galaxienhaufen expandieren nicht, denn sie sind durch die Gravitation aneinander „gebunden", nur die Raumzeit selbst dehnt sich aus.

Die Allgemeingültigkeit der Naturgesetze ist eine Voraussetzung dafür, dass unsere Vorstellung vom Ursprung des Universums richtig ist. Und die Gesetze der Logik und der Stetigkeit. Die Natur „macht keine Sprünge". Newtons Gravitationsgesetz ($F = G \cdot m_1 \cdot m_2 / r^2$) gilt für alle Massen und alle Entfernungen, nicht nur für Massen über 6 Pfund und Entfernungen über 3 Seemeilen. Das schließt nicht aus, dass bei sehr großen Distanzen r die Kraft F unmessbar klein wird. Das Prinzip der Stetigkeit erlaubt aber *scheinbare* „Sprünge", z. B. Phasenübergänge. Wasser bei 99 °C ist etwas anderes als Wasser bei 101 °C. Beim Abkühlen eines Gases sinkt nicht nur sein Druck, sondern bei bestimmten Temperaturen wird es auch flüssig.

---

[6] Frei nach Bernd Vowinkel 09.07.2013: Rezension Nr. 16345 von Lawrence M. Krauss: Ein Universum aus Nichts. Albrecht Knaus Verlag München 2013 (Originaltitel: *A Universe from Nothing*) auf http://hpd.de/node/16345 (dort auch ein Link zum Video des Vortrages von Krauss bei der *Atheist Alliance International Convention* AAI 2009 zum Thema).

[7] Quelle: Harald Lesch: Leschs Kosmos: „Der Tag ohne Gestern" (http://www.youtube.com/watch?v=YXgMvF374-Q).

Das gilt für Wasserdampf genauso wie für Stickstoff und alle anderen Gase. Also bleibt das Universum bei seiner Ausdehnung nach dem Urknall (bzw. bei seiner Rückrechnung vom jetzigen Zustand, um die Verhältnisse im frühen Universum zu klären) nicht gleich. Im Gegenteil: War es so winzig, wie es bei der Rückrechnung gewesen sein muss, dann muss es „undenkbar" und „unendlich" klein gewesen sein: eine „Singularität", der „Urknall" (poetisch: „Der Tag ohne Gestern"). Aber niemand war dabei. Die Urknall-Theorie ist zwar die zzt. plausibelste und anerkannteste Theorie zur Entstehung des Universums – aber es gibt auch andere.[8] Bewiesen ist sie nicht, sondern nur eine Folge der Naturgesetze und eine Konsequenz der Modelle und Theorien, die das beobachtbare Weltall gut beschreiben.

5.4 Der Uhr-Knall

Bei dieser Schreibweise können Sie zwischen einem Schreibfehler und einem Kalauer wählen – oder aber ein Körnchen Wahrheit darin entdecken. Denn nach den allgemein akzeptierten Vorstellungen der Kosmologen sind dabei nicht nur Energie und Materie, sondern auch Raum und Zeit (!) entstanden. Das heißt: Vorher war *nichts* da. Das riesige Universum ist aus dem Nichts entstanden. Wobei dieses „Nichts" allerdings erst einmal definiert werden müsste.

Denken wir also die heutige Expansion rückwärts, als Kontraktion – natürlich unter Beachtung aller gültigen physikalischen Gesetze. Bei dieser gedanklichen Zusammenziehung muss das Universum heißer und dichter werden und schließlich zu einem Punkt zusammenschrumpfen. Das ist die „Singularität", der alles entstammt. *Alles* entstand beim Urknall – Materie *und* die „Raumzeit". Das können Sie sich nicht vorstellen? Macht nichts – niemand kann es. Es ist letztlich nur eine logische Konsequenz aus den mathematischen Modellen. Was aber nicht heißt, dass es genauso gut auch anders sein könnte, denn diese Modelle und ihre nachgemessenen Konsequenzen passen konsistent zusammen wie Steine eines riesigen Puzzles.

Aber zuerst eine gute Nachricht: Sie brauchen sich nicht die Mühe zu machen, den Urknall zu verstehen. Denn das Ereignis, von dem alle reden, gibt es selbst nicht. Im Urknall besteht eine „Singularität": Die Theorien und Formeln versagen, weil die Dichte des Universums und die Krümmung der Raumzeit unendlich werden. Und in der Mathematik ist „unendlich" eine ganz fiese Größe. Alle Modelle liefern erst danach brauchbare Ergebnisse, wenn die Unendlichkeit umschifft ist. Erst „kurz danach" (10^{-34} s) können wir physikalische Aussagen machen. Die Re-

---

[8] „Und was ist Wahrheit? Dass das Universum im Urknall entstanden ist? … Letztlich ist das nichts als Marketing." Johann Grolle und Hilmar Schmundt: Interview in DER SPIEGEL 1/2008 mit Robert B. Laughlin: Der Urknall ist nur Marketing (http://www.spiegel.de/spiegel/print/d−55231886.html?name=Der+Urknall+ist+nur+Marketing).

sultate der Modelle sind auch brisant genug, und sie gelten 13,7 Mrd. Jahre lang bis heute. Und sie werden es noch Milliarden von Jahren weiter tun. Denn das Gesetzbuch der Natur wurde zwar einmal geschrieben, aber es gibt keine Updates. Die physikalischen Regeln gelten immer und in alle Ewigkeit. Das können wir zwar nicht sicher wissen, aber bisher ist nichts Gegenteiliges bekannt.

Wie aber lief diese „Explosion", die keine war, ab? Wenn Sie bei der nächsten Stehparty einen langweiligen Gesprächspartner loswerden wollen, dann fragen Sie ihn doch einfach: „Was halten Sie von der primordialen Nukleosynthese?" Weg ist er. Wenn Sie aber Pech haben, kann der Schuss nach hinten losgehen, denn er wird sagen: „Synthese ist ‚Zusammensetzung' und Nukleus ist der Kern. Sind Sie etwa Kernphysiker? Dann erklären Sie mir doch, was ‚primordial' heißt!" Nun sollten Sie Ihren Duden dabei haben, um nachzusehen, dass das Wort so viel wie „ursprünglich" oder „uranfänglich" heißt. Und schon sind Sie in einer interessanten Unterhaltung über die ursprüngliche Zusammensetzung der Atomkerne am Beginn des Universums gelandet. Denn sie müssen sich ja irgendwann einmal gebildet haben, als das Universum kälter wurde. „Kälter" klingt bei den 10^{25} K etwas merkwürdig, weist aber darauf hin, dass es vorher noch heißer (und dichter) war – so heiß, dass selbst Atomkerne nicht mehr zusammenhalten.

Aber fangen wir von vorne an und erwähnen die wichtigsten Entwicklungsschritte stichwortartig:[9] Das Interessanteste ist, dass im sehr frühen (heißen und dichten) Universum Quanteneffekte eine Rolle spielen, sich also der Makrokosmos und der Mikrokosmos berühren. Wieder eine sehr poetische Idee. Die mathematischen Modelle sagen aus, dass in der Frühphase des Universums die Energiedichte sehr hoch war. Die vier Grundkräfte der Physik waren noch vereint und in einer sogenannten „Inflationären Phase" fand eine extreme Expansion um einen Faktor zwischen 10^{30} und 10^{50} in der Zeit nach 10^{-33} s bis 10^{-30} s statt. Wer nachrechnet, stellt fest: mit Überlichtgeschwindigkeit! Aber diese Grenze gilt für bewegte Materie, nicht aber für den Raum selbst. Bei dieser rasanten Ausdehnung wurde es praktisch schockgefroren, wenn man eine Abkühlung von 10^{25} Grad auf 10^{12} Grad als „gefrieren" bezeichnen will.

Danach beginnt sich die anfangs total homogene unterschiedslose Materie (ein „Elementarteilchenbrei") zu differenzieren. In den ersten 10 s erscheinen die üblichen Verdächtigen der „Mikrowelt": Quarks, Photonen, Protonen, Neutronen, Elektronen und deren Antiteilchen, um nur einige zu nennen. Viele zerstrahlen

---

[9] Es gibt eine Unzahl von Informationsquellen hierzu. Von mir wurden hauptsächlich benutzt: Lawrence M. Krauss: *A Universe From Nothing*, Simon & Schuster London 2012; Stephen Hawking, Leonard Mlodinow: Die kürzeste Geschichte der Zeit. rororo Reinbek 2006; Harald Lesch: Leschs Kosmos – Aus dem Leben eines Elektrons (http://www.youtube.com/watch?v=C_CzA7pU8p4) und Leschs Kosmos – Der Horror vor dem Nichts (http://www.youtube.com/watch?v=4bbn−6qm2lc).

gleich wieder bzw. Teilchen und ihre Antiteilchen vernichten sich. Übrig bleibt ein kleines, aber bedeutsames Ungleichgewicht: Materie dominiert, Antimaterie verschwindet. Vielleicht wie die zwei Vögel im Nest am Anfang dieses Kapitels … Aber warum sich nicht die Teilchen und ihre Antiteilchen gegenseitig vollständig auslöschen und das Universum überhaupt existiert, das ist noch unklar. Nun haben wir die Bausteine der Atomkerne zusammen und die „primordiale Nukleosynthese" kann beginnen. Bei 1 Mrd. Grad (so „kalt" ist es geworden) besiegt die starke Kernkraft die Bewegungsenergie der Protonen und Neutronen. Sie verbinden sich miteinander zu Atomkernen, und überschüssige Neutronen zerfallen (Halbwertszeit 10 min.). Das Ganze ist in 3 min. abgeschlossen, da dann die Kernfusion zum Erliegen kommt. Es ist zu kalt geworden. Die Kerne von Wasserstoff (75 %) und Helium (25 %) sind entstanden. Hier findet diese Theorie eine hervorragende Bestätigung, denn dieser Wert stimmt extrem gut mit den Beobachtungen der ältesten (und damit fernsten) Sterne überein. So, nun haben wir die Nukleonen zusammen, und nun herrscht für kurze Zeit Ruhe. „Kurze Zeit" sind immerhin 300.000 Jahre, was aber nur zwei Hunderttausendstel des heutigen Alters des Universums ist. In Anlehnung an ein bekanntes Zitat könnte man sagen: „Ein kleiner Schritt für das Universum, aber eine lange Zeit für die Menschheit!"[10] Dies ist die „Strahlungs-Ära", in der Strahlung dominiert (wie die Bezeichnung verrät). Während dieser Zeit ist die Energiedichte der elektromagnetischen Strahlung (der Photonen) größer als die Energiedichte der Materie. Jetzt hat das Weltall schon etwa ein Tausendstel seiner heutigen Größe. Es ist „optisch dick", denn die Dichte der Strahlung lässt keine Photonen hindurch (so wenig wie die Materiedichte einer Ziegelsteinmauer). Es ist nun gefüllt mit einem stark wechselwirkenden Plasma aus Elektronen, Photonen und den beiden einfachsten Atomkernen. Heute nimmt man aber an, dass es außerdem eine große Menge dunkler Materie gab, die ebenfalls nur durch die Gravitation mit dem Plasma wechselwirkte.

Nach ca. 300.000 Jahren war das Weltall „kalt genug" (immerhin noch ca. 3600 K heiß), um seine physikalischen Eigenschaften erneut zu wechseln. Diese Temperatur ist gerade diejenige, bei der Wasserstoff ionisiert werden kann, also seiner Elektronen beraubt. Umgekehrt gilt: Unterhalb dieser Temperatur können freie Elektronen von Protonen gebunden werden. Man nennt diesen Vorgang auch „Rekombination" (die Umkehr der Ionisation) und den Zeitpunkt des Übergangs von der strahlungsdominierten Ära zur materiedominierten Ära die „Rekombinationsära". Jetzt wurde Strahlung zu Materie, nach Einsteins berühmter Äquivalenzformel. Stabile Atome bildeten sich, und das Licht konnte nun große Distan-

---

[10] Neil Armstrong sagte nach der Landung von „Apollo 11" am 24. Juli 1969, als er als Erster den Mond betrat: „Das ist ein kleiner Schritt für einen Menschen, aber ein großer Sprung für die Menschheit!"

zen zurücklegen, ohne absorbiert zu werden. Das Universum wurde durchsichtig. Was früher war, können wir also nicht „sehen" – diese „Strahlungswand" ist unüberwindlich. Die Gravitationskraft führte zur schon ausführlich geschilderten „Verklumpung" von Materie. Diese Materieklumpungen koppelten sich wegen der Massenanziehung von der allgemeinen Expansion des Alls ab, und an ihnen konnte sich weitere Materie „kondensieren". Sterne und Galaxien entstanden. Nun war es in seinen heutigen Grundeigenschaften „fertig", denn weitere temperaturbedingte Phasenübergänge des gesamten Universums gab es nicht. Die ersten Sterne bildeten sich nach oben beschriebenem Verfahren (Kap. 5.1) nach etwa 400 Mio. Jahren. Seither dehnte sich das Universum weiter aus, kühlte weiter ab und ist heute nur ca. 3 Grad wärmer als die absolute Untergrenze von 0 K ($-273{,}15\,°C$). Doch die Expansionsgeschwindigkeit verlangsamte sich durch die Gravitation für die nächsten 10 Mrd. Jahre und nahm dann durch die „Dunkle Energie" wieder Fahrt auf.[11]

Nach dem bekannten Energieerhaltungssatz der Physik nimmt die Gesamtenergie eines abgeschlossenen Systems weder zu noch ab. Sie bleibt erhalten. Jede Energie kommt also letztlich aus der Gesamtenergie des Universums, die weder ab- noch zunimmt. Beim Urknall war sie da – aus dem Nichts! Die Fragen „Warum ist nicht Nichts?" und „Wie kann Etwas aus dem Nichts entstehen?" beantwortet Lawrence M. Krauss lakonisch: „Das Nichts ist nicht stabil".

5.5 Die längste TV-Serie der Welt

Viele von uns haben die Nachwirkungen des Urknalls jahrelang nachts im Fernsehen gesehen. Wir sahen dasselbe Phänomen wie das, das zwei Experimentalphysiker im Jahre 1964 fast zur Verzweiflung brachte. Im Gegensatz zu vielen Kollegen, die mit den Tücken ihrer Messapparatur kämpften, brachte dies Arno A. Penzias und Robert W. Wilson 1978 den Nobelpreis ein.[12] Sie hatten versucht, Signale von „Echo-Satelliten" einzufangen, die diese im Weltraum reflektieren sollten, um die Bedingungen der äußeren Erdatmosphäre durch ausgesandte Mikrowellenstrahlen zu erforschen. Doch ein hartnäckiges Rauschen, eine Art „Hintergrundstrahlung", ließ sich nicht eliminieren. Es blieb bestehen, selbst wenn die Satelliten gar keine Strahlung empfingen und daher nichts reflektieren konnten. Diese „Störung" kam gleichmäßig aus allen Richtungen. Radiobastler kennen und hassen dieses Brum-

---

[11] Quelle: Interview mit Christof Wetterich: Die 5. Kraft im Kosmos – die Quintessenz (http://www.dctp.tv/filme/fuenfte-kraft-quintessenz/).

[12] Ihre Schilderungen der Experimente findet man in ihren Reden anlässlich der Preisverleihung auf http://www.nobelprize.org/nobel_prizes/physics/laureates/1978/penzias-lecture. pdf und http://www.nobelprize.org/nobel_prizes/physics/laureates/1978/wilson-lecture.pdf.

men und Rauschen, das manchmal von Taubenkot auf den Antennen verursacht wird. Doch diesmal hatte es andere Quellen – und es war bereits um 1940 theoretisch vorhergesagt worden (was die beiden Physiker aber nicht wussten).

Diese elektromagnetische Strahlung mit der Wellenlänge um die 7,3 cm (ca. 4,1 GHz; ein Mikrowellenherd arbeitet bei 2,45 GHz) war ein Beweis für den Urknall. Die „Rotverschiebung" hat die Strahlung des Urknall-„Blitzes" bis in den Radiobereich verschoben. Nach der Entdeckung der Fluchtbewegung der Galaxien (Hubble-Effekt) hatten viele Physiker bereits die Existenz eines heißen *Big Bang* vorhergesagt. Zwar können wir mit unseren Teleskopen von der Erde aus „nur" einige Milliarden Lichtjahre weit sehen (mit dem Hubble-Weltraumteleskop noch weiter), aber Radioteleskope schaffen es bis zurück zum Urknall – na ja, nicht ganz. Denn wer sich dieses Ereignis als gewaltigen Blitz denkt, liegt falsch. Es war zappenduster und würde es auch die nächsten 300.000 Jahre bleiben. Erst dann formte sich die Strahlung, wie gerade besprochen. Es handelt sich also sozusagen um ein „Babyfoto des Universums", eine Aufnahme der „Strahlungswand". Die ursprünglich heiße Strahlung ist durch die Expansion des Weltalls auf heute nur noch 2,725 K abgekühlt. Aus winzigen Temperaturschwankungen innerhalb der Strahlung (in der Größenordnung von nur 0,001 %) haben die Kosmologen genaue Erkenntnisse über die Struktur und die Entwicklung des Universums gewonnen. Dazu gehört z. B. die beobachtete Menge an Wasserstoff und Helium, die exakt zur vorhergesagten passt – ein weiterer Beweis für die Richtigkeit der Urknall-Theorie.

Und genau das ist es, was ältere Leser auf ihren Fernsehgeräten mit Antennen nachts, nach Abschalten des Programms, als „Schnee" gesehen haben. Der Großteil des Rauschens auf der Mattscheibe stammt zwar von irdischen Störquellen, aber etwa 1 % dieses Rauschens war die Hintergrundstrahlung aus der Zeit vor 13,72 Mrd. Jahren.[13] Also haben Sie Respekt vor dem Alter! Photonen leben ewig, zumindest die meisten von ihnen. Sie sehen auf der Mattscheibe die Boten von Exemplaren, die 13,7 Mrd. Jahre alt sind und die ausgerechnet von *Ihrer* Fernsehantenne eingefangen wurden.

5.6   Wie soll das bloß enden – ein Universum verschwindet?!

Weitsichtige Zeitgenossen sehen ein Problem auf uns zukommen: „Unsere miserable Zukunft", wie Krauss es formuliert.[14] Wir leben in einem Erkenntnisfenster, das sich unwiderruflich wieder schließt. Künftige Astrophysiker (die das Ende der

---

[13] Quelle: Lawrence M. Krauss: *A Universe From Nothing*, Simon & Schuster London 2012, S. 42.

[14] Quelle (Zitat und Inhalt): ebd., S. 105 f.

Erde durch die Explosion der Sonne in einigen Milliarden Jahren überlebt haben) werden … *nichts* mehr sehen. Alle Sterne, Galaxien oder sonstige Strahlungsquellen haben sich durch die expansive Kraft des Universums so weit von uns entfernt und sind so schnell geworden, dass ihr Licht sie nicht mehr erreicht. Auch die längerwellige Strahlung, in die sich das Licht wegen der Rotverschiebung verwandelt, wird immer mehr gedehnt – bis sie die Größe des sichtbaren Universums überschreitet. Wenn sich das Universum *beschleunigt* ausdehnt, muss das irgendwann einmal sogar die Lichtgeschwindigkeit überschreiten, denn die begrenzt nur die Geschwindigkeit materieller Objekte und physikalischer Größen, nicht aber den Raum selbst. Dann gehen alle Lichter aus – in nur 2 Billionen Jahren, so die Berechnungen.[15] Vorher (in nur 100 Mrd. Jahren) werden sich die Milchstraße, der Andromedanebel und einige kleinere Galaxien in der Umgebung zu einem einzigen Supersternhaufen vereinigen und unsere Astrophysiker werden glauben, dies wäre alles am Himmel. Und nicht nur das: Auch die Erkenntnis, überhaupt in einem expandierenden Universum zu leben, ist aufgrund der verschwundenen Beweise (Hintergrundstrahlung) nur noch „ein Märchen aus alten Tagen". Also genießen Sie das Heute![16]

Nach all diesen Fakten kann ich nur den bekannten Wissenschaftsjournalisten Bill Bryson zitieren: „Das Fazit aus allem lautet: Wir leben in einem Universum, dessen Alter wir nicht berechnen können, umgeben von Sternen, deren Entfernungen wir nicht kennen, zwischen Materie, die wir nicht identifizieren können, und alles funktioniert nach physikalischen Gesetzen, deren Eigenschaften wir eigentlich nicht verstehen."[17] Nun, das ist vielleicht der berühmte schwarze Humor der Angelsachsen. Aber es zeigt, dass wir im Weltall nicht so einfach experimentieren können wie auf Erden. Viele Messergebnisse haben oft nicht die Genauigkeit, die durch ihre Werte suggeriert wird. Viele Angaben beruhen auf Annahmen über durchschnittliche Massen, Dichten oder Geschwindigkeiten.

Dennoch: Bryson hat sich vielleicht wirklich einen Scherz erlaubt, denn jede seiner Behauptungen können wir heute als *falsch* bezeichnen. Vor nur einem Jahrhundert war es anders: Das Universum galt als statisch und ewig, und die Milchstraße war die einzige bekannte Galaxie.[18] Dumm nur, dass dies dem Newton'schen

---

[15] Im Original „*2 trillion years*". Da die USA die „Lange Leiter" für Namen großer Zahlen oberhalb der Million verwenden, ist damit 10^{12} gemeint, in der „Kurzen Leiter" (Europa) also „Billiarde".

[16] Siehe letzte Strophe bei 2:50 von Otto Reutter: In fünfzig Jahren ist alles vorbei. Deutsche Grammophon G.m.b.H., Mai 1930 (http://www.youtube.com/watch?v=b−39nl5v4Jo).

[17] Bill Bryson: Eine kurze Geschichte von fast allem. Goldmann, München 2005 (3. Aufl.), S. 223.

[18] Frei nach Lawrence M. Krauss: ebd., Kap. 1 und 2.

Gravitationsgesetz widersprach: Die Gravitation hätte eine zusammenziehende Kraft gefordert, das Universum hätte also nicht statisch sein *können*. Doch erst Edwin Hubble konnte 1929 nachweisen, dass sich das Universum tatsächlich ausdehnt: Die „Rotverschiebung" ferner Galaxien, die ihre Geschwindigkeit anzeigt, ist umso größer, je weiter sie entfernt sind. Nun musste man umdenken (ein schönes Beispiel für die Kraft der Selbstkorrektur in den Wissenschaften!). Auch die Milchstraße hatte inzwischen Kollegen bekommen: einige 100 Mrd. (!) Galaxien! Jede mit Milliarden von Sternen.

Im Mittelalter glaubte man, das Universum sei endlich, denn dahinter war „der Himmel", das Reich Gottes. Der italienische Priester und Astronom Giordano Bruno glaubte an die Unendlichkeit des Weltalls und wurde wegen Ketzerei und Magie am 17. Februar 1600 auf dem Scheiterhaufen hingerichtet. Inzwischen besagt das „Standardmodell der Kosmologie", dass es einen zeitlichen Anfang und ein Ende hat, endlich und dennoch unbegrenzt ist und dass es „dahinter" und „davor" nichts gibt. Keinen Raum und keine Zeit.

Das wohl Interessanteste an der Kosmologie ist die einfache Erkenntnis, dass die Begriffe „jetzt" und „gleichzeitig" eine in „Mesonesien" unvorstellbare Bedeutung bekommen: Wenn die Astrophysiker heute eine bestimmte Supernova in einer 2,5 Mio. Lichtjahre entfernten Galaxie beobachten, dann ist der Stern schon seit 2,5 Mio. Jahren nicht mehr da. Ein Blick ins All ist ein Blick in die Vergangenheit. Und alle bekannte Materie (mit Ausnahme von Wasserstoff und Helium) ist gewissermaßen eine zweite Generation, denn sie ist aus ihm durch atomare Kernverschmelzungsprozesse entstanden.

Obwohl das Weltall mit seinen unanschaulichen Dimensionen kaum einen Bezug zu unserer Erdwirklichkeit hat, ist das Interesse an ihm riesig. Die Medien sind voll davon (von den Metern an Buchrücken ganz zu schweigen) – und auch ich kann mich der Faszination des Universums nicht entziehen, wie Sie an dieser ausführlichen Darstellung gemerkt haben.[19]

Nun müssen wir aber leider aufhören mit den größten Dingen. Sie sind aber auch zu spannend!

---

[19] Hier sollen nur zwei Verweise stehen: die schon oft erwähnte Serie von Harald Lesch in „Leschs Kosmos" (bzw. „Frag den Lesch" auf http://leschskosmos.zdf.de/) oder auf „alpha-Centauri" (http://www.br.de/fernsehen/br-alpha/sendungen/alpha-centauri/index.html) und „Die zehn wichtigsten Erkenntnisse der Astronomie" FOCUS Online (http://www.focus.de/wissen/weltraum/odenwalds_universum/tid–24936/weltraumforschung-die-zehn-wichtigsten-erkenntnisse-der-astronomie_aid_710176.html).

Was Sie aus diesem Essential mitnehmen können

In dieser Einführung in die Kosmologie haben Sie (verpackt in Geschichten und Dialoge aus der Steinzeit)…

- den Aufbau und die Struktur des Weltalls kennen gelernt,
- die Entstehung des Universums und seine Geschichte seit dem „Urknall" erkannt,
- die Entstehung von Materie bei Sternexplosionen und damit von unseren eigenen „Bestandteilen" gesehen,
- speziell die Bedeutung des Mondes für unsere Erde.

© Springer Fachmedien Wiesbaden 2016
J. Beetz, *Kosmologie für Höhlenmenschen und andere Anfänger,* essentials,
DOI 10.1007/978-3-658-11123-6

Literatur

Beetz W von (1893) Leitfaden der Physik. In: Henrici J (Hrsg) Grieben's Verlag, Leipzig
Beetz J (2012) 1 + 1 = 10: Mathematik für Höhlenmenschen. Springer, Heidelberg
Beetz J (2015) Atomphysik für Höhlenmenschen und andere Anfänger – Das Universum von
  innen: Moleküle, Atome und Elementarteilchen (essential). Springer, Heidelberg
Beetz J (2015) E = mc²: Physik für Höhlenmenschen. Springer, Heidelberg
Bryson B (2005) Eine kurze Geschichte von fast allem. Goldmann Tb, München
Hawking S (1988) Eine kurze Geschichte der Zeit. Die Suche nach der Urkraft des Univer-
  sums. Rowohlt, Reinbek
Hawking S, Mlodinow L (2010) Der große Entwurf: Eine neue Erklärung des Universums.
  Rowohlt, Reinbek
Lesch H, Gaßner J (2014) Urknall, Weltall und das Leben. Komplett-Media, Grünwald

© Springer Fachmedien Wiesbaden 2016
J. Beetz, *Kosmologie für Höhlenmenschen und andere Anfänger,* essentials,
DOI 10.1007/978-3-658-11123-6

Sachverzeichnis

A
Allgemeingültigkeit der Naturgesetze, 37
Aminosäure, 33

B
Brahe, T., 35
Bruno, G., 44
Bryson, B., 43

D
Dunkle Energie, 41

E
Einstein, A., 1

G
Galaxie, 37
Gravitation, 34, 35, 36, 41
Gravitationsgesetz, 37, 44
Grundkräfte der Physik, 39

H
Helium, 36, 40, 42
Hintergrundstrahlung, 42, 43
Hubble, E., 36, 44
Hubble-Effekt, 42

K
Kernfusion, 35, 36
Kernkraft, starke, 35, 40
Krauss, L. M., 41, 42

L
Lemaître, G., 33

M
Makronesien, 1
Mesonesien, 44
Mikrowelle, 41

N
Naturgesetz, 1
Newton, I., 37
Nukleosynthese, primordiale, 39, 40

P
Phase, inflationäre, 39
Phasenübergang, 37
Photon, 42
Proton, 35

Q
Quantenmechanik, 35

R
Raumzeit, 37, 38
Rote Riesen, 36
Rotverschiebung, 42, 43, 44,

S
Singularität, 38
Spektralanalyse, 36

© Springer Fachmedien Wiesbaden 2016
J. Beetz, *Kosmologie für Höhlenmenschen und andere Anfänger,* essentials,
DOI 10.1007/978-3-658-11123-6

Standardmodell der Kosmologie, 44,
Strahlung, elektromagnetische, 42
Supernova, 35, 44

U
Urknall, 33, 37, 38, 42

W
Wasserstoff, 35, 36, 40, 42

Standardmodell der Kosmologie, 44,
Strahlung, elektromagnetische, 42
Supernova, 35, 44

U
Urknall, 33, 37, 38, 42

W
Wasserstoff, 35, 36, 40, 42